牛顿科学馆

Newton
Science Museum

奇妙的植物世界

席德强◎编著

U0659511

北京师范大学出版集团
BEIJING NORMAL UNIVERSITY PUBLISHING GROUP
北京师范大学出版社

图书在版编目(CIP)数据

奇妙的植物世界/席德强编著.—北京:北京师范大学出版社,
2019.4(2022.5 重印)
(牛顿科学馆)
ISBN 978-7-303-24341-9

Ⅰ.①奇… Ⅱ.①席… Ⅲ.①植物—普及读物 Ⅳ.①Q94-49

中国版本图书馆 CIP 数据核字(2018)第 272737 号

营 销 中 心 电 话　010-58807651
北师大出版社高等教育分社微信公众号　新外大街拾玖号

QIMIAO DE ZHIWU SHIJIE

出版发行:北京师范大学出版社　www.bnup.com
　　　　　北京市西城区新街口外大街 12-3 号
　　　　　邮政编码:100088
印　　刷:北京溢漾印刷有限公司
经　　销:全国新华书店
开　　本:890 mm×1240 mm　1/32
印　　张:5.625
字　　数:140 千字
版　　次:2019 年 4 月第 1 版
印　　次:2022 年 5 月第 2 次印刷
定　　价:38.00 元

策划编辑:尹卫霞　　　　　责任编辑:欧阳美玲
美术编辑:王齐云　　　　　装帧设计:王齐云
责任校对:李云虎　　　　　责任印制:马　洁

版权所有　侵权必究
反盗版、侵权举报电话:010-58800697
北京读者服务部电话:010-58808104
外埠邮购电话:010-58808083
本书如有印装质量问题,请与印制管理部联系调换。
印制管理部电话:010-58805079

序 言

　　时光匆匆，我写科普读物的历史一晃已经 8 年。在写第一本科普书《迷人的生物学》时，我还有些懵懂，不知道应该写些什么，也不知道怎样去写。当时我虽然缺乏经验，却充满热情，努力做到读者不感兴趣的不写，光有知识性没有趣味性的不写，最终创作了这本科普畅销书。

　　经过几年的积累和沉淀，"奇妙的生物世界"这套书终于面世了。在书中，我通过一个个生动有趣的事例介绍了很多奇特的、珍稀的、有趣的生物，以及各种生物奇妙的生命活动。通过这些既相对独立又有密切联系的事例，对生物的遗传变异、信息传递、进化适应、利用保护等各方面的知识进行了比较详尽的介绍。

　　在知识的呈现上，我力求不刻板、不说教，努力用鲜活的现象体现自然之美，用奇特的机理展示生命之妙。此外，结合自己所学的专业知识，我努力做到叙事清楚、概括准确，让科学性、趣味性和思想性完美联姻。

　　在创作科普作品的过程中，我发现了兴趣对人成长的重要性。例如，让-巴蒂斯特·拉马克和查尔斯·达尔文是现代生物进化理论的奠基人。他们走上生物学研究的道路比较曲折。拉马克先学神学，后学医学。达尔文是先学医学，再学神学。他们对所学的专业不感兴趣，以致在所学专业领域都表现平平，拉马克学医时甚至没有毕业。可贵的是，他们都花费了大量的时间去研究自己感兴趣的生物学。在当时的很多人眼中，他们的做法简直是不务正业。但在今天来看，正是对自己兴趣的坚持，才让他们发现生物进化的规律，成为生物学发展史中令人景仰的大家。

子曰：好之者不如乐之者。当一个人对某种学问产生了兴趣，就能沉在其中，乐在其中，成在其中。希望阅读这套书的读者能了解一些常用的生物学知识，从此对生物学产生浓厚的兴趣，长期坚持下去，将兴趣上升为热爱，将热爱转化为知识，将知识演化成幸福。

席德强

2018 年 12 月

前　言

　　我们每天的生活都和植物有着千丝万缕的联系，我们的衣食住行样样都与植物密切相关。那么，植物到底和我们有哪些联系呢？下面让我们粗略地总结一下。

　　在生物圈这个巨大的生态系统中，植物属于生产者，有着极其重要的作用。植物通过光合作用制造的有机物为其他生物直接或间接地提供了食物，即提供了物质和能量。我们日常吃饭所获得的物质和能量，都直接或间接地来自植物。植物还为动物提供了有着适宜温度、湿度的栖息场所，使动物有了丰富多彩、多种多样而又适宜生存繁衍的空间，植物的枝叶、根系构建了动物隐蔽、躲藏、繁殖的屏障。所以植物是一切动物和所有异养型微生物生存的基础，对于动物、微生物都有着不可替代的作用。

　　植物对人类也同样重要。

　　第一，人类的食谱以植物性食物为主，植物是人类重要的食物来源。人类日常食用的粮食、蔬菜、水果都主要来源于植物。据统计，全世界的植物约有 500 000 种。其中，可供食用的植物就有 75 000 种之多。已经被人类驯化或曾大量种植的植物有 100 多种。我们熟知的稻、麦、玉米、甘蔗、粟（小米）、甜菜、马铃薯、甘薯、大豆、蚕豆、椰子和香蕉，都是由野生植物驯化培养而成的。茶、咖啡、酒等来源于植物的饮品也有非常悠久的历史。人类的祖先利用某些植物（比如麻）的纤维编织衣服，从而告别了赤身裸体的生活，走上了文明的道路。从纺织技术来看，我国早在 5 000 年前的新石器时期就有了纺轮和腰机。西周时期就有了用于纺织的简单机械缫车、纺车、织机，汉代就有了提花机、斜织机，到了唐代，我国的纺织机械已经很完善了。除此之外，植物纤维还可用于制绳、造纸，等等。

第二，在长期的生产和生活实践中，人类发现很多植物可以为人类治疗疾病。历代医书记载了 10 000 多种药用植物。

第三，人类目前使用的化石燃料——煤和石油，都是由古代动植物（主要是植物）的遗体经过复杂的生物化学作用和物理化学作用演变而来的。现在有些国家兴起使用粮食、作物秸秆制造酒精作为可再生的新能源，也是利用了植物。

第四，植物是地球之肺，它们让地球上的空气保持清新。植物通过光合作用将二氧化碳转变成有机物，并释放出氧气，维持了大气中二氧化碳的平衡，抑制了因为人类大量排放二氧化碳而引起的温室效应。植物还能吸收二氧化硫等有毒有害的气体，吸附空气中的尘埃。此外，植物还有防风固沙、防止水土流失、改良土壤、提高土壤肥力、绿化都市、营造庭园景观，为人类创造舒适美好的生存环境的重要作用。

既然植物有这么多重要的作用，研究植物、开发利用植物以及保护植物就成了人们关心的课题。这就诞生了一门科学——植物学。植物学要研究什么呢？概括地说，植物学是研究植物的形态、生理、分类、生态、分布、发生、遗传、进化等方面的科学。开展植物学研究，可以开发、利用和保护植物资源，让植物为人类提供更多的食物、纤维、药物、建筑材料等。

目　录

第一章　常见的植物类群

　　植物是一个非常庞大的类群，地球上的植物约有 50 万种。从寒冷的北极圈到炎热的赤道，从降水丰沛的热带雨林到极度干旱的荒漠，从巍峨的高山到一望无垠的海洋，都有植物分布。

　　在植物界中，最低等的类群是藻类植物，其中常见的有蓝藻、衣藻、褐藻等。

一、最早的自养型生物——蓝藻

　　你知道吗? 蓝藻是最早出现的植物。在蓝藻刚刚出现的时候，地球的大气里没有氧气，是蓝藻通过光合作用制造的氧气改变了地球环境，也改变了地球生命演化的方向和速度。

　　地球大约诞生于 46 亿年前。早期的地球到处都有火山喷发，内部结构极不稳定，这时地球表面的温度也非常高，不适合生命存在。大约 36 亿年前，地球表面的温度降低了很多，此时原始海洋中诞生了原始生命。原始生命结构简单，但是已经能够摄取环境中的营养物质，排出体内的代谢废物，而且能够繁殖后代。这时，原始大气里没有氧气，却有很多甲烷、氨气、氢气、硫化氢、氰化氢等气体。

　　经过漫长的演化，大约在 30 亿年前，地球上最早的自养型生物——蓝藻(图 1-1)出现了。蓝藻细胞里没有细胞核，也没有复杂的细胞器，是非常简单非常原始的单细胞生物。蓝藻细胞里有叶绿素 a、胡萝卜素、藻蓝素、类胡萝卜素等色素。蓝藻利用这些色素吸收光能，将二氧化碳和水转变成储存能量的有机物，并释放出氧气。经过亿万年的积累，它们制造的氧气改变了地球的大气环境。随着氧气越来越多，能进行有氧呼吸的需氧型生物出现了。有氧呼吸可以产生大量的能量，使生物的生命活动得以快速进行。所以，蓝藻制造的氧气加快了生物进化的速度，为地球上灿烂多彩的生命形式的出现奠定了基础。

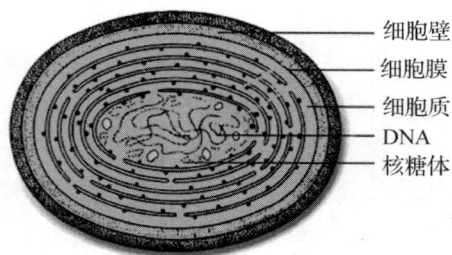

图 1-1　蓝藻

现在的地球上仍有蓝藻存在。它们主要生活在水中，也有一些种类可以生活在湿土、岩石、树干表面。在无机营养丰富的水体中，蓝藻会爆发式生长繁殖，这些蓝藻死亡腐烂时会造成水中溶解氧不足，导致水中的鱼虾大量死亡。蓝藻还会向水体中排放毒素，不仅危害水生生物，也让人类生活受到严重影响。

在蓝藻门念珠藻属里，有一种名叫"发菜"的蓝藻，主要产于甘肃省山丹县以及内蒙古中部草原，它呈棕黑色，细如发丝，干品就像一团乱发。每逢夏末秋初，夜降秋雨，晨沐朝阳之际，发菜就会在草根处生长出来。农牧民手持铁耙，从山间或草原上的草根处采集回来，清理晾干，梳理成绺，就是发菜的成品了。发菜有一定的食疗效果。采收发菜时需要使用铁耙搂刮草根，对草场的破坏非常严重。近几年，由于乱采滥挖，野生发菜已经濒临灭绝，国家已经将它列为一级保护植物。

二、拥有精美小屋的植物——硅藻

你知道吗？ 硅藻是海洋中一类特别微小的单细胞藻类，它们在显微镜下的模样令人着迷，它们是怎么建造出那么漂亮的小屋的呢？

硅藻（图 1-2）是一类奇妙的自养型生物，常由几个或多个细胞连接而成各种各样的群体。它们能通过光合作用制造有机物，还能在遗传物质DNA 的指导下，利用水中的硅化物制造出独特的细胞构造。它们的细胞壁是由二氧化硅构成的硬壳。硅藻细胞的外观精美绝伦，有的像精雕细琢、璀璨夺目的宝石，有的像巧夺天

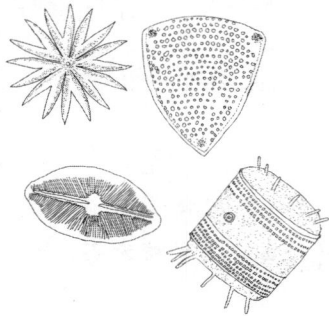

图 1-2 硅藻

工的宇宙飞船，有的像远离尘世的精致漂亮的别墅。在看了硅藻细胞结构之后，人们常常觉得自己建造的房屋是那么粗蠢，硅藻的小屋与自己的房子相比简直有天地之别。

硅藻细胞里含有叶绿素 a、叶绿素 c、胡萝卜素等色素，它们通过这些色素吸收光能，用于光合作用。硅藻是很多浮游动物、小鱼小虾和贝类的食物，很多大鱼又以这些小动物为食。所以，

硅藻等浮游生物的多少，可以明显决定鱼类的产量。比如有人计算过，海豹体重增加 0.5 kg，就要消耗约 0.5 t 硅藻。硅藻对维持大气中氧气和二氧化碳的平衡也有重要作用，浮游植物每年制造的氧气有 3.6×10^{10} t，约占大气氧气含量的 70%，而硅藻约占浮游植物的 60%。所以如果地球上没有硅藻，氧气在几年之内就会被耗尽。当然，如果硅藻等浮游植物在短时间内大量繁殖，就会形成赤潮。严重的赤潮会导致鱼虾大量死亡，影响海产品的产量。

硅藻死亡以后，它的二氧化硅构成的外壳会沉到海底。经过亿万年的积累，就形成了硅藻泥。硅藻泥是一种重要的工业原料，可以制成隔热、隔音材料或过滤剂等。

三、含碘的带状植物——海带

你知道吗？ 海带是我国人民喜爱的一种食品。海带含有丰富的碘，常吃海带可以预防地甲病等缺碘引起的疾病。据说，在沿海地区连片种植的海带还能阻止潜艇进入呢。

海带是一种在低温海水中生长的褐藻，通过假根固着在海底的岩石上，因形状像带子而得名。海带一般宽 20～30 cm，长度为 6～7 m。目前在我国的山东半岛、辽东半岛等浅海区有大面积的人工养殖场。

海带是一种营养价值很高的蔬菜，有"长寿菜"的美称。海带的吃法很多，比如海带炖排骨、肉丝海带、海带烧肉、海带冬瓜汤、凉拌海带丝等。

海带还有一定的药用价值。碘是人体合成甲状腺激素的原料，如果婴幼儿缺碘就会因缺乏甲状腺激素而患呆小症。如果青少年缺碘，会患地甲病（俗称大脖子病、粗脖子病）。海带中富含碘，所以常吃海带或碘盐可以预防以上疾病。

海带通过孢子繁殖。海带先是在"叶子"上长出许多像口袋一样的孢子囊，里面有孢子。孢子成熟以后孢子囊破裂，孢子通过两条鞭毛运动，当它落在海底的礁石上以后，条件适宜时就会形成一棵新的海带。海带体内有黏液腔，可以分泌滑性物质，让海带在受到海水的波浪冲击时不易被折断。

四、长在岩石上的"植物"——地衣

你知道吗？ 不论是在荒无人烟的戈壁荒漠，还是在郁郁葱葱的热带雨林，在那些裸露的岩石上都能发现地衣。地衣是植物从水生向陆生发展的先锋，也是重要的环境监测物种。

我们常常看到裸露的岩石上有一片片或绿色或灰白的附着物，这就是地衣。地衣（图 1-3）分布广泛，在地球上大部分地区都能被发现。全世界约有地衣 1.4 万种，我国已知的地衣约有 2 000 种。经过长期的演化，地衣与不同的环境相适应，变得千姿百态、五彩斑斓。从形态上看，有壳状地衣、鳞片状地衣、叶状地衣和枝状地衣四大类。地衣的色彩更是变化多端，有的黑如发，白如奶，绿如草，

图 1-3　地衣

有的黄如杏，灰如瓦，红如枣，褐如茶。每一种颜色又由淡至深形成很多过渡颜色，地衣种类繁多，难以准确描述。

由于地衣对二氧化硫非常敏感，在环境污染严重的地区不能生存，所以人们还把它当作环境监测物种。如果某一地区没有地衣生存，就说明那里的环境污染比较严重。

以前人们一直以为地衣是一类特殊的低等植物，后来研究发现它们是真菌和藻类的共生体。真菌有假根，可以从岩石上吸收水和无机盐；藻类有色素，能通过光合作用制造有机物。二者相互依存，互利互惠，建立了密不可分的共生关系。

地衣是植物从水生到陆生的先锋，它们一般生长在岩石上，可以在代谢中产生地衣酸。地衣酸能够腐蚀岩石，让岩石分解产生土壤。通过亿万年的演化，土壤越来越多，原来的不毛之地会变得杂草丛生。杂草多了，渐渐地就出现了灌木。灌木多了，渐渐就有了高大的乔木。这样，光秃秃的岩石演变成土壤，没有任何植被的荒芜之地演化成了郁郁葱葱的森林。

五、水生到陆生的过渡植物——苔藓

你知道吗？ 你想知道水生植物是怎么来到陆地生活的吗？了解一下有关苔藓的知识吧，它可以给我们一些启示。

苔藓（图 1-4）植物大约有 23 000 种，我国约有 2 800 种。它们属于水生到陆生的过渡植物。它们身体矮小，喜欢阴湿的环境，常常生长在林间空地、林下岩石表面或附着在树皮上。苔藓的受精必须借助于水环境，这使它不能真正摆脱水的束缚，只能生活在池塘岸边，沟渠林下等比较湿润的地方。

苔藓植物有重要的生态价值，它们吸水性强，可以防止水土流失；由于叶为单层细胞结构，对周围环境中的二氧化硫等有毒气体特别敏感，可作为环境监测植物；可以吸收粉尘，分泌酸性物质腐蚀岩石，使岩石形成土壤；可以作为鸟类及哺乳动物的食物；还可用来包扎花卉、树苗等，既通风又保湿。

葫芦藓是我们在水渠边、树荫下最常见的藓类，因其顶端长有一个弯曲的葫芦状的结构而得名。葫

图 1-4 苔藓

芦藓的个体高度只有 4～7 mm，黄绿色。要观察葫芦藓的细微结构，需要使用放大镜或立体显微镜。野外的葫芦藓常常一丛丛地长在一起，仿佛在湿润的泥土上铺了一层薄薄的、青翠欲滴的地毯。用手抚摸一下，软软的、嫩嫩的，让人忍不住想坐下来但又担心压坏了这让人怜惜的小东西，所以苔藓还有独特的美学价值。文人墨客的作品中常有苔藓的踪影，比如叶绍翁写下了"应怜屐齿印苍苔，小扣柴扉久不开"，刘禹锡写下了"苔痕上阶绿，草色入帘青"等名句。

从进化上来看，葫芦藓是非常具有代表性的从水生向陆生进化的过渡类型，所以它还是日常教学和科研常用的研究材料。此外，葫芦藓还是一味中药，有一定的药用价值。

六、最早的高等植物——蕨类

你知道吗？ 2014 年，在阿根廷发现了一副巨大的恐龙骨架化石，经过推算，这头恐龙生前高约 20 m，长约 40 m，体重达 80 t，是一头植食性的泰坦巨龙。体型这么庞大的恐龙以什么为食呢？

蕨类植物出现在志留纪晚期。4 亿年前到 2.5 亿年前，是蕨类植物繁盛的时期，这段时期正好是恐龙繁盛的时代，所以蕨类植物是植食性恐龙的主要食物。随着地球气候的变迁及种子植物的繁盛，大多数的蕨类植物已经灭绝了，现在地球上的蕨类植物约有 12 000 种。

蕨类植物是高等植物中比较低级的一类，也是最原始的维管植物，大都为草本，少数为木本。蕨类植物有根、茎、叶之分，没有花，不产生种子。在蕨类植物的叶片背面，有排列规则的孢子囊，它们通过孢子囊里的孢子繁殖（图 1-5）。

图 1-5　蕨类植物叶片背面的孢子囊

蕨类植物虽然是真正的陆生植物，但它们的受精阶段仍然离不开有水的环境，这是它们的原始特征，也是它们最终被种子植物取代的原因。

1. 蕨　菜

我们常吃的蕨菜［图 1-6（a）］是多年生蕨类植物的嫩苗，是与恐龙一样古老的植物。可以想见，它的成年个体［图 1-6（b）］曾是某些植食性恐龙的食物之一。

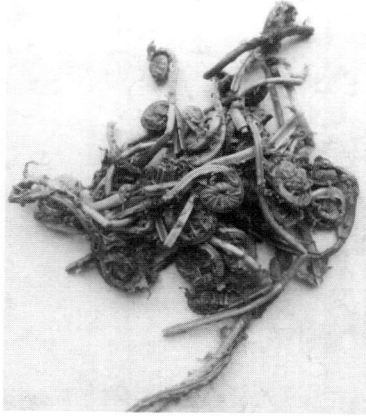

（a）　　　　　　　　　　（b）

图 1-6　蕨菜

　　蕨菜一般在 6 月采收，有经验的农民会在采收后立即将掐断的茎在泥土上来回蹭几下，否则刚刚采收的蕨菜就会因失水迅速衰老而木质化，以致无法食用。

　　由于喜爱吃蕨菜的人越来越多，从山林采集的野生蕨菜已逐渐满足不了人们的需求，有些地方已经开始了蕨菜的人工栽培。

　　2. 两色鳞毛蕨

　　两色鳞毛蕨（图 1-7）是陆生蕨类，在中国大部分地区都有分布，常见于林下沟边的潮湿地带。

　　两色鳞毛蕨在野生状态下常用孢子繁殖，人工栽培时也可以利用

图 1-7　两色鳞毛蕨

地下根茎进行分株繁殖。它的地下根茎——贯众（图 1-8）则是一味常用的中草药。

图 1-8　贯众

七、赤裸着种子的植物——裸子植物

你知道吗？ 我们常见的松、柏、银杏都是裸子植物。裸子植物的胚珠外面没有子房壁包被，不形成果皮，种子是裸露的，故称为裸子植物。

裸子植物有真正的根茎叶，是高度适应陆地生活的一个植物类群，它们的受精作用不受外界水的限制。在造山运动频繁的二叠纪，裸子植物取代了蕨类植物，在中生代至新生代它们是遍布各大陆的主要植物。早期的标志性裸子植物为苏铁，晚期的标志性裸子植物为银杏和松柏。

据统计，目前全世界生存的裸子植物约有 850 种，隶属于 79 属和 15 科，其中有不少是非常古老的类群。裸子植物的种数虽然仅为被子植物种数的 0.36%，但却广泛分布于世界各地。在北半球，大的森林里 80% 以上都是裸子植物，所以裸子植物是目前世界上主要的木材来源之一。

1. 落叶松

落叶松（图 1-9）是北方高山寒湿地针叶林的代表树种。落叶松是高大的落叶乔木，高度可达 35 m，胸径可达 90 cm。在我国大兴安岭的莽莽森林里，大片的落叶松林蔚为壮观，一年四季都有让人沉醉的美景。春天，它那细小青嫩的针叶迅速长出来，满山立时充满了绿色的生机；夏天，在阳光雨露的滋润下，落叶松林成了苍翠欲滴的茫茫林海；秋天，针叶开始发黄，层林尽染，一种特别的美感让人流连忘返；冬天，寒风吹来的时候，落叶松的一身针

图 1-9 落叶松

叶早已落入泥土，它那高大挺拔的树干傲然挺立在漫天冰雪里。

这些落叶松林还有重要的生态价值，它们构成了一道天然的绿色屏障，遮挡着西伯利亚吹来的风沙和暴风雪，使松嫩平原和呼伦贝尔大草原成为富饶美丽的天堂。

落叶松树干通直，材质坚韧，有较强的耐腐蚀性，适宜作建筑、电杆、桥梁、舟车、枕木、矿柱、家具等材料，是一种应用非常广泛的优质木材。

还有，由于落叶松高大挺拔，树形美观，它还是一个优良的园林绿化树种，在各地的风景园林名胜地区被广为栽培。

2. 云　杉

云杉（图 1-10）是中国特有的古老树种，共有 17 种 9 个变种。最早的云杉化石发现在晚白垩纪地层中，距今约有 1 亿年的历史。云杉曾广泛分布在世界各地，后来由于地球气候变化，其分布区越来越少，现在由于人工栽培又渐渐增多了。

云杉耐阴、耐寒、喜欢凉爽湿润的气候和肥沃深厚的土壤，主要分布在海拔 3 200 m 以下的山地林带。在我国华北地区最

图 1-10　云杉

多，其次为东北的小兴安岭。四川、青海、西藏等很多地区也有分布。

云杉高度可达 50 m，胸径可达 1 m。云杉树形端正，枝繁叶茂，被广泛地作为园林观赏树种。云杉生长速度缓慢，成材周期较长，但木材通直，切削容易，没有隐性缺陷，所以应用非常广泛。云杉浑身都是宝。它的针叶富含芳香油，出油率为 $0.1\% \sim 0.5\%$，提取出来后可制造化妆品。云杉的树皮富含单宁，提取出来后可用于化妆品、制药等。云杉可以作为电杆、枕木、建筑、桥梁用材，还可用于制作乐器、滑翔机等，那些不成器的木材，可以作为纸张的原料。云杉材质优良，占我国木材建材的 1/4。

八、美丽世界的缔造者——被子植物

你知道吗? 我们在日常生活中看到的花花草草，多数都是被子植物。被子植物是当前地球上种类最多、分布最广、适应性最强、进化水平最高的植物类群。

被子植物出现于早白垩纪。从新生代开始，被子植物取代裸子植物而成为地球植物群落中的优势类型。现在已知的被子植物共有 1 万多属，20 多万种，占所有植物种类的一半，我国境内的被子植物有 2 700 多属，3 万多种。

早期出现的被子植物都是木本植物，到了晚白垩纪初期才出现了灌木和草本类型。在严冬或干旱来临的时候，有的草本植物地上部分枯萎死亡，地下的根茎可以储存营养；有的草本植物在严冬到来之前就产生了种子，种子中储存着来年萌发所需要的营养。有些木本植物可以通过厚厚的树皮抵御冬天的寒冷，却无法摆脱长期的干旱，而草本植物却可以通过种子迁移到适宜的环境。比如在我国西北、华北的干旱地区，有时一年也不会有一次降水，这时很多高大的乔木就会枯死，草本植物却可以通过种子延续生命。等到雨季来临，乔木不能复生，野草却可以迅速恢复生机。所以，草本植物更能适应环境的剧烈变化，而多数草本植物都是被子植物。

在植物界，被子植物被称为有花植物，因为它们才有真正的花。被子植物出现以后，地球上才有了色彩鲜艳、类型繁多、花果丰茂的景象，所以它们是美丽世界的缔造者。

被子植物的胚珠包藏在子房内，得到良好的保护，子房在受精后形成的果实既保护种子又以各种方式帮助种子散播；具有双受精现象和三倍体的胚乳，胚和胚乳都具有双亲的遗传特性，使新植物体有更大的生活力和变异性。裸子植物依靠风力传播花粉，不仅传粉效率低，而且浪费极大。大部分被子植物由昆虫或其他动物传播花粉，不仅减少了浪费，而且大大扩展了传粉的空间；被子植物在植物体构造上也特别先进，拥有更加完善的输导组织。它们依靠木质部中的导管运输水和无机盐，依靠韧皮部中的筛管和伴胞运输有机物。此外，由于被子植物的果实和种子储存着高能量的营养物质，使得直接或间接依赖被子植物的昆虫、鸟类和哺乳类迅速地繁茂起来，进而推动了整个生物界的向前进化。

被子植物与人类的衣食住行等生活息息相关。人类常用的粮食、蔬菜、水果多数是被子植物。从进化角度分析，人类是被子植物繁盛之后才出现的高智商哺乳动物，人类从一开始就高度依赖于被子植物。除了为人类提供食物以外，被子植物还为建筑、造纸、纺织、油料、香料、医药等提供原料。此外，数量众多的被子植物对美化、净化环境起到了非常重要的作用。

竹（图 1-11）是禾本科竹亚科的常绿木本植物，主要分布在地球的热带、亚热带和暖温带地区。由于竹子分成很多节，每一节都可以同时生长，使它成为生长最快的植物，每天最多可以长高 40 cm，成年竹子可高达 40 m。

自古以来竹子在我国人民心中就占有重要地位。人们将松、竹、梅誉为"岁寒三友"，将梅、兰、竹、菊称为"四君子"。北宋著名文学家苏轼曾写道："宁可食无肉，不可居无竹。无肉令人瘦，无竹令人俗。人瘦尚可肥，士俗不可医。"清代郑板桥也曾这样写道："咬定青山不放松，立根原在破岩中。千磨万击还坚劲，任尔东西南北风。"这些都可以看出文人雅士对竹子的喜爱。

仔细分析起来，人们喜欢竹子的原因大概有以下几点。

一是认为竹子虚心有节、外实中空，象征着人谦虚又有气节，如"竹可焚而不改其节，玉可碎而不改其白"。

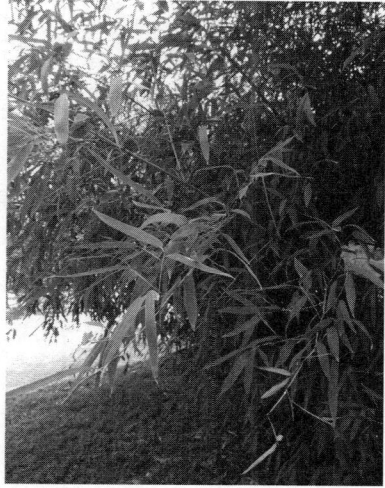

图 1-11 竹

二是中国人奉行"中庸"的处事原则，而竹子非常柔韧，能屈能伸，非常符合中国人的审美需求。

三是竹子非常漂亮，有重要的观赏价值。它四季常青，挺拔秀丽，有风吹来的时候，更是摇曳多姿，独具韵味。比如凤尾竹枝叶秀丽，茎略弯曲下垂，状似凤尾，婀娜多姿，常用于盆栽观赏。小琴丝竹的茎秆有黄绿相间的纵向条纹，佛肚竹的茎秆粗大如胖和尚的肚子，湘妃竹的斑点如滴滴泪珠，都是常用的观赏植物。

竹子还是重要的建筑材料。竹子生长快、易再生，成材量高，用途广。一般 2～3 年的竹子即可成材，而木材一般需要 20～25 年。所以，使用竹子替代木材做建筑材料，可节约更多森林资源，延缓地球温室效应。

用竹子可以制作各种工艺品。由于竹子特殊的材质，坚韧不拔的特性，人们采用竹子作为原料进行雕刻、绘画等艺术创作制成各种工艺品，如竹简、竹匾、竹挂画、竹刻笔筒、竹根雕摆件等。

　　竹子的根状茎上长出的幼芽被称为竹笋，根据采取季节可以分为冬笋、春笋、鞭笋等。竹笋味香质脆，是人们喜爱的食品。

第二章　那些奇奇怪怪的植物

一、路边的神秘植物——曼陀罗

你知道吗？我们常在武侠小说中看到，坏人偷偷地在酒里下了"蒙汗药"，导致好人中毒，浑身瘫软无力，只能眼睁睁地看着坏人把自己捆上。你知道"蒙汗药"的主要成分吗？

有一幅埃及的壁画告诉我们古埃及人宴客时，常会把曼陀罗的花果拿给客人闻，因为曼陀罗花果是一种迷幻药，可以让客人产生愉快感。我国三国时期的名医华佗发明的麻沸散的主要有效成分也是曼陀罗。古代的武士将曼陀罗和其他药物混合制成"蒙汗药"，使敌人全身瘫软无力甚至失去知觉。曼陀罗因为有这些独特的作用而受到人们的广泛关注。

其实，曼陀罗是一种非常普通、非常常见的植物。走近野生曼陀罗，可以闻到一种令人不适的特殊气味。曼陀罗全身有毒，牛羊不会主动去采食它，这使它常常孤零零地长在田间地头（图 2-1）。它的叶为单叶互

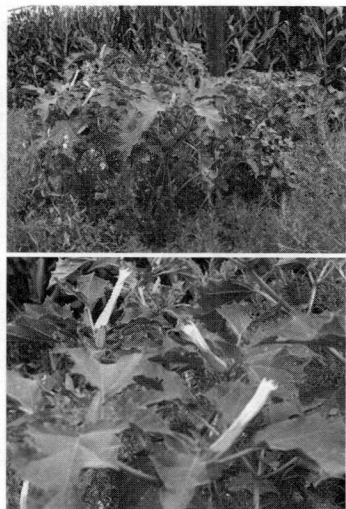

图 2-1　曼陀罗

生，宽卵形，边缘具不规则的波状浅裂或疏齿，具长柄。花为两性花，花冠一般为白色，呈长喇叭状。果实为直立的卵圆形蒴果，表面有许多硬刺。种子稍扁肾形，黑褐色。通常用播种法繁殖。

1. 误食曼陀罗中毒的临床表现

人和牛羊等动物的曼陀罗中毒是因为误食曼陀罗种子、果实、叶、花导致的。如果农牧民不小心将曼陀罗混入了牛羊的饲料中，就会导致牛羊中毒的情况发生。人类一般在食后 0.5～2 小时出现症状，早期症状为口干、咽喉发干、吞咽困难、声嘶、脉快、瞳孔散大、皮肤干燥潮红、发烧等。误食后 2～6 小时可出现谵妄、幻觉、抽搐、意识障碍等精神症状。严重者常于 12 小时后出现昏睡、呼吸浅慢、血压下降以至发生休克、昏迷和呼吸麻痹等危重症状。

曼陀罗中毒剂量常因其进入人体的途径和人的健康状况而异。成人食果 3 枚或种子 30～40 粒即可中毒，多为急性突然发病。儿童较敏感，剂量只要成人的 1/10，且伴有嗜睡现象。此外，外敷捣碎的曼陀罗叶片也能引起急性全身性中毒，症状与口服相同，出现症状的时间比口服者更快。

2. 曼陀罗的药用价值

曼陀罗的叶、花、籽均可入药，性温微辛。其主要成分为山莨菪碱、阿托品及东莨菪碱等，上述成分具有兴奋中枢神经系统、阻断 M-胆碱反应系统、对抗和麻痹副交感神经的作用。曼陀罗除作为外科手术的麻醉剂和止痛剂外，还作为治疗癫痫、蛇伤、狂犬病的药物，还可治疗咳逆气喘、面上生疮、脱肛及风湿、跌打损伤等，但用药一定要遵医嘱。

自 20 世纪 70 年代以来，以曼陀罗为主的中药麻醉剂大放异彩，这种麻醉方法已引起国外医学专家的重视，为世界医学做出了贡献。

二、最轻的木材——轻木

你知道吗？ 相传西方殖民者初到南美时，看到一群土著妇女每人扛着一根粗大的木头健步如飞，他们以为这些土著人个个力大无穷，于是放弃殖民的想法赶紧乘船逃走了。你知道这是为什么吗？

轻木(图 2-2)是木棉科的一种常绿乔木。它原产南美洲热带地区，其密度比我们常用的软木塞还要小一半。

一根长约 10 m、合抱粗的轻木，一名妇女就能轻易扛走。轻木的木质细白，虫不吃，蚁不蛀，浮力是软木塞的两倍，有重要的用途。比如可以用它制作钓鱼用的浮漂，将轻木的木块添装到布料里制成救生圈和救生衣，还可以制作飞机坐垫和各种航模。

轻木不仅木材轻，而且生长速度也非常快。它的树干又高又直，分枝少，叶片大而圆，宛若穿着紧身筒裙的傣族少女，亭亭玉立。清

图 **2-2**　轻木

风吹来，枝叶轻轻摇摆，仿佛轻盈的舞者在翩翩起舞，所以轻木还是著名的观赏树种。

我国自 20 世纪 60 年代开始引种轻木。现在，广东、云南、海南、福建、台湾等省区都种有大面积的轻木。

三、最重的木材——重木

你知道吗？ 我们常在电影中看到，不慎落水的人在惊慌失措中抱住一段木头而幸免于难。这是因为木头比水的密度小，可以漂浮在水面上产生一定的浮力。你见过密度比水大，像铅块一样迅速沉入水底的木头吗？

黑黄檀（图 2-3）产于我国云南思茅、勐腊、景洪等地，属于蝶形花科的落叶大乔木。生长在海拔 700～1 800 m 的山地。由于木材密度大，质地坚硬，黑黄檀生长极为缓慢，树的直径年平均生长量仅为 0.6 cm 左右，高度年生长量仅为 0.4 m 左右。成年

图 2-3　黑黄檀

黑黄檀树高可达 20 m，胸径可达 70 cm。它材质坚硬，拥有黑红色的漂亮条纹，做成的家具不变形、不开裂，拥有一种不须雕琢的天然华贵气质，主要用于制作高级乐器、精美工艺品和名贵家具。

黑黄檀是世界上比重最大的树种，1 m³ 重约 1 000 kg。把一块黑黄檀放在水中，它会像铅块一样迅速沉入水底。如果用它做成箱柜等家具，一两个人根本就搬不动。再加上黑黄檀树皮厚，

出材率极低（只有 13％左右），所以一般用它做一些小巧精致的家具。云南傣家人称黑黄檀为牛角木，常用它的心材做匕首的柄。

我国利用檀木的历史非常悠久，《诗经》中就有"坎坎伐檀兮，置之河之干兮"的诗句。黑黄檀还是《国家珍贵树种名录》中收录的树种，属于国家二级保护植物。檀树除黑黄檀之外，还有黄檀、白檀、青檀、紫檀、黑檀等品种，都是名贵的红木。

四、最长的植物——白藤

你知道吗？世界上最长的生物是什么？它不是最高的树木，也不是最大的动物，而是一种缠绕在其他树木上生长的藤本植物——白藤。

热带雨林里有众多的参天大树和奇花异草，还有一种绊人跌跤的"鬼索"，这就是白藤，在我国海南岛的热带雨林里可以见到它。

白藤的茎很纤细，却特别长，是植物王国里有名的"瘦长个子"。小的白藤直径不到 1 cm，却有几十米长。大的白藤直径也不过四五厘米，长度却可以达到二三百米，比世界上最高的桉树还长一倍。据资料记载，白藤长度的最高纪录竟达500 m。

白藤的茎梢又长又结实，表面布满了向下弯的硬刺。它像一根带刺的长鞭，随风摇摆，一旦碰上大树，就紧紧攀住不放，并很快长出一束束新叶。它顺着树干向上爬，下部的叶子则逐渐脱落。在爬到树顶之后，它仍然不断地生长，可是已经没有什么可以依托的东西了，于是它越来越长的茎就往下坠。爬爬坠坠，坠坠爬爬，把大树当作支柱，沿着树干缠绕成许多怪圈。由于白藤的缠绕和遮挡，常会导致被它缠绕的高大树木死亡。所以人们给它起了个绰号叫"鬼索"。

图 2-4　白藤的花

到了繁殖季节，白藤上就会开满白色的花，引人注目，香气袭人（图 2-4）。

白藤的茎光滑、坚韧，可以编织成各种手工艺品，如提篮、藤椅、藤床、花盆架、字画屏风等。白藤还可以入药，有药用价值。

五、最大的圆叶——王莲

你知道吗？ 世界上最大的叶子有多大？在美洲的亚马孙丛林里，有一种棕榈，它的一片叶子连柄带叶有 24.7 m 长。生长在热带的长叶椰子，它的叶子有 27 m 长。但要说世界上最大的圆叶，就非王莲莫属了。

世界上最大的圆叶就是原产南美洲亚马孙河流域的王莲的叶子（图 2-5）。王莲与荷花是近亲，都是睡莲科植物。一般的莲叶直径为 60～70 cm，而王莲叶直径有 200～300 cm，最大的竟有 400 cm。王莲的叶子浮在水面上，边缘向上卷

图 2-5　王莲的叶子

（赵良供图）

起，好像一个浅浅的大圆盆。王莲的叶子上有很多从中央到四周呈放射状排列的叶脉构成支架，叶脉之间还有许多横隔。因此它在水面上的浮力十分惊人，能轻松托起一个 30 kg 重的孩子。有人还特意做过试验，在王莲的大叶子上均匀地铺上 75 kg 沙子，结果它依然没有下沉。人们模拟王莲叶子的内部结构，建造了叶式浮桥。

　　王莲不但叶子巨大，花也特别大，花的直径可达 40 cm。王莲的花期只有三天。其花心温度要比四周气温高出 10 ℃左右。第一天傍晚，新开放的白色花儿散发出强烈的菠萝香味，那些贪吃的甲虫纷至沓来。它们只顾在花瓣里享用花蜜和淀粉，却没有注意到花瓣正在慢慢合拢。被困住的甲虫左冲右突，却始终无法出来，只好留在花里过夜。好在这里温暖舒适，食物充足，它们在花蕊间爬上翻下，大快朵颐。到了第二天晚上，花瓣再次开启，白色的花瓣变成粉红色，香气也没有了，此时被困住的甲虫得以逃脱，但它们身上已沾满花粉。当它们去另一朵新开的王莲花里觅食的时候，就帮助王莲传播了花粉。

　　王莲体量庞大，气势恢宏，令人过目难忘，是现代园林水景中不可或缺的观赏植物，也是花卉展览中必备的珍品。它既具有很高的观赏价值，又能净化水体。我国北京植物园、云南省西双版纳热带植物园和广州华南植物园等都已引种了王莲。

六、最大的花——大王花

　　你知道吗？一般的高等植物，靠根从土壤中吸收水和无机盐；靠茎支撑体重，抵御风雨；靠叶进行光合作用，获得能量；靠花产生种子，繁育后代。所以它们的根、茎、叶、花都是有一定比例的，相互协调。而寄生植物就可以不这样。它们从寄主身上获得水分和营养物质，不需要强大的根系，也不需要有力的枝干，甚至也不需要进行光合作用的绿叶，只需要一朵花来产生种子就可以了。大王花就是寄生植物的典型代表。

在马来西亚的热带雨林里，生长着一种十分奇特的肉质寄生草本植物，它的名字叫大王花（图 2-6），被誉为"世界花王"。它一生只开一朵花，花期只有 4 天。它的花的直径可以达到 1 m，最大的直径可达 1.4 m，整个花

图 2-6 大王花

冠就约有 10 kg，花心像个脸盆，可以盛 5～8 kg 的水，因此看上去绚丽而又壮观。

大王花开放之后，会散发出既像牛粪又像腐肉的臭味，这种气味不仅人类反感，蜜蜂、蝴蝶都对它敬而远之。但那些喜欢追腥逐臭的食腐甲虫却趋之若鹜，大王花就是靠它们来传粉的。

大王花还是一种懒惰的寄生植物，它一般寄生在葡萄科的白粉藤根茎上。它没有茎叶，不能进行光合作用，依靠吸收白粉藤的营养来生活。开花 4 天之后，大王花逐渐枯萎凋零，一段时间后，它变成一摊黑乎乎的烂泥，就像水果腐烂了一样，这就是它成熟的果实。果实里有成千上万枚红棕色的微小种子。这些种子被鹿、野猪等动物无意踩踏之后粘在脚上，被它们踩进茎皮破损的藤本植物体内。再经过一年半的休眠之后，种子体积膨大开始萌发。经过几个月的发育，大王花的花蕾先发育成乒乓球大小，

再到甘蓝大小，之后花苞就会慢慢张开，2 天之后完全绽放，就形成了直径 1 m 以上的大花朵。

大王花自 1818 年由英国殖民者在苏门答腊岛发现以来一直备受关注。当地人认为用大王花的花芽提取物炮制的浸膏是妇女分娩的良药，这导致大王花被滥采乱挖，几乎绝迹。1981 年新加坡植物园开始了引种试验并获得成功。1997 年当地将其列为保护植物。

七、最大的坚果——海椰子

你知道吗？ 芝麻的种子很小，烟草的种子比芝麻的种子还要小，斑叶兰的种子更是轻若浮尘，那么，你知道世界上最大的种子有多重吗？

如果你询问一个从非洲塞舌尔群岛旅游归来的朋友，当地让他印象最深的是什么？他一定会告诉你是海椰子。塞舌尔群岛上生长着一种巨大的椰子树，树高可达 30 m，树叶长 7 m，宽 2 m，最大的树叶有 27 m^2。最奇特的是它那巨大的果实，直径为 35～50 cm，外面长有一层海绵状的纤维质外壳，剥开外壳后就是坚果。目前发现的最大的海椰子果实重达 23 kg，其中的坚果也有 15 kg 重（图 2-7），堪称世界上最大的果实，里面的种子也是植物界最大的种子。

海椰子其实不是椰子，而是一种棕榈。据说在 1519 年，马尔代夫的渔民出海时，发现西印度洋上漂着几颗形状像椰子的果实。他们以为是一种生长在大海边的椰子树

图 2-7 海椰子的坚果

结的果实，便给它取名"海椰子"。后来，人们才发现海椰子其实是生长在陆地上的一种棕榈树。

海椰子的生长十分缓慢，从幼株到成年需要 25 年。雌株受粉两年后才能结出小果实，果实要发育 7 年左右才能成熟。海椰子的寿命可达千年，结果的时间也就非常长了。作为塞舌尔的国宝，一棵海椰子的果实售价高达几百美元。目前中国也成功引种了海椰子，在北京植物园里就能找到它。

八、最长寿的种子——古莲子

你知道吗？ 由于生活环境不同，植物适应方式多种多样，植物种子的寿命也不尽相同。梭梭生活在干旱的沙漠地区，它的种子只能存活几小时。在此期间只要遇到一点点水，种子就能迅速萌发成幼苗。柳树一般生活在河堤岸边，它的种子能存活 12 小时。杨树的种子外包絮毛，能随风飘到很远，可以存活几个星期。玉米、高粱、小麦等农作物的种子由于富含淀粉等营养物质，能存活 2~3 年。那么，寿命最长的种子能活多久呢？

种子是植物延续种族的载体。杨、柳的种子寿命只有几小时到几天，玉米、高粱的种子能活 2~3 年，甜菜和紫云英的种子能活 8~10 年，而莲花的种子能活上千年。

20 世纪以来，在我国辽宁等地多次发现古莲子(图 2-8)。这些古莲子，时间短的距今大约有几百年，最长的距今有 2 000 多年了。

奇妙的是，经过科学家的精心培育，这些千年古莲子竟然能萌芽、生长、开花、结子。这引起了人们的强烈关注：是什么原因让千年古莲子不朽、不死，保持了这么长久的生命力呢？

图 2-8　古莲子

研究发现，古莲子能保持长久的生命力，源于它那特殊的结构。莲子的果皮可以分为 5 层，最外层为表皮层，有特殊的气孔室和保卫细胞，可以保证里面的种子获得氧气。第二层是细胞排列紧密的栅栏组织。第三层为细胞壁特别厚的厚壁组织。第二、第三层对种子的保护至关重要，其致密的结构能有效防止外界的微生物和过多的水分进入。第四层细胞的细胞壁特别薄，被称为薄壁组织。最内为内表皮层，细胞内含贮藏的营养物质。由这 5 道防线构成了一个非常精密的"防护层"，空气、水分、微生物都不能随便进出。经过漫长的进化，在莲子内部有一个小气室，里面大约存储着 $0.2 \ mm^3$ 的空气。这些非常微量的空气保证了莲子在千年休眠时的代谢需要。古莲子的含水量极低，只有 12%，使它的生命活动只能以极低的速度进行，这样就降低了营养物质消耗的速度。此外，莲子还富含维生素 C 和谷胱甘肽等延缓衰老、保持生命活力的物质，这使得深埋在地下的古莲子仍然保持着微弱的呼吸，虽历经千年却没有死亡。

埋藏莲子的泥炭土也为保存莲子提供了有利的条件。这里温度低、湿度小，不具备发芽的条件，深深的地层里也没有微生物侵扰，避免了莲子腐烂变质。所以虽历经千年，莲子仍能萌发新芽，展示了其非常强大的生命力。

现在，人们试图通过研究古莲子找到延缓衰老、长期保存种子的科学方法。

九、最长寿的植物——龙血树

你知道吗？ 短命菊的寿命只有三四个星期。它生活在干旱的撒哈拉沙漠里，会趁着雨季来临迅速生长发芽，开花结果，完成繁衍的使命。那么，谁是植物界里的长寿明星？它们能活多久呢？

现存最古老的的银杏树有3 000多岁，美国的巨杉"世界爷"有5 000多岁。1868年地理学家洪堡德在非洲发现了一株8 000多岁的龙血树，它高达18 m，主干直径约5 m。这是迄今为止人类所知道的最长寿的植物了。

图 2-9　龙血树

龙血树（图2-9）原产非洲和亚热带，我国有5种。它是热带常绿乔木，树高一般4 m左右。它树姿优美，叶色斑斓，清新亮丽，是珍贵的观赏树种。

龙血树受伤后，能分泌一种红褐色的像人血一样的树脂，所以被称为龙血树。这种树脂是一种名贵的中药，这种药物被称为血竭。由于血竭呈红褐色，也曾被用作染料。

十、最粗的植物——百骑大栗树

你知道吗？ 世界上哪一种植物最粗？作为北美"世界爷"的巨

杉，最大直径为 12 m，作为世界上的"大胖子树"猴面包树，最大直径超过 10 m，一棵叫百骑大栗树的植物，树干直径达 17.5 m，周长约 55 m。它不是很高，却是世界上最粗的植物。

百骑大栗树的学名叫欧洲栗，生长在意大利西西里岛的埃特纳火山的山坡上。这座火山是欧洲著名的活火山，自 1669 年到 1971 年就喷发了三十多次。火山的山坡上，生长着茂盛的桦树、山毛榉、松树，景色十分秀丽。这棵位于山脚下的千年古树，在一次又一次的火山喷发中没有被吞没，也没有因气候变化而死亡，反而长得枝繁叶茂，生机勃勃，真是一个奇迹。

百骑大栗树虽饱经沧桑，现在仍然枝繁叶茂，开花结果。树干下部有一个大洞，采栗的人常将那里作为临时的宿舍或仓库。

十一、独木成林——榕树

你知道吗? "直不为楹圆不轮，斧斤亦复赦渠薪。数株连碧真成菌，一胫空肥总是筋。"这是宋代诗人杨万里描写榕树的诗句。榕树在我国南方非常常见，是很多人故乡的印记。

榕树（图 2-10）属于桑科榕属，是一种高大的乔木。榕树四季常青，姿态优美，具有较高的观赏价值和良好的生态效应，广泛分布于南方各地。在我国南方很多地方有几百岁、上千岁的古榕树。

图 **2-10**　榕树

在孟加拉国的热带雨林里，有一棵巨大的古榕树，占地约10 000 m²（1 hm²），它的树荫下可供几千人休息乘凉。据统计，它的气生根有 4 300 条之多。这些气生根构成了几千个支柱，支撑着巨大的树冠。可谓根接株连，枝叶蔽天，蔚然成林。

由于南方雨量多、高温高湿的环境，榕树经过长期进化长出了气生根。这种气生根有辅助呼吸的作用，依靠母体提供的营养迅速生长，到达地面后即插入土壤中，形成木质支柱，起到支撑和吸收的作用。接着这些气生根还会萌发出枝叶，与原来的母体形成连体生长，出现独木成林的特殊现象。

十二、最小的有花植物——微萍

你知道吗？ 植物种类繁多，千姿百态，既有枝繁叶茂的参天大树，也有个体微小、肉眼难见的单细胞藻类。但要说最小的开花植物，就当属微萍了。

微萍（图 2-11）属于被子植物门浮萍科，共有 10 多种。有一种无根萍既没有根，也没有叶，只有一块直径约 1 mm 扁平的茎，被称为叶状体。它个体极小，可以轻易穿过针孔，是世界上最小的有花植物。这些小小的植物体

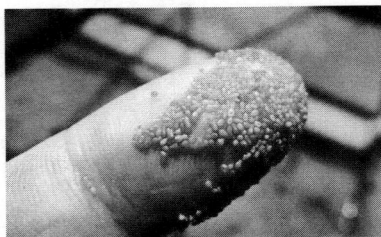

图 2-11　微萍

就像一粒粒细沙漂浮在水面上。我们只有借助显微镜才能看清它的细微结构。在适宜条件下，每平方米的水面上可以有上百万株微萍。

　　微萍体内含有 40% 的蛋白质，与大豆的营养价值相当，是鱼、鸭的好饲料，也有人将它采集回来当蔬菜食用。

　　别看微萍如此微小，却也能开花结果。开花时，小小的花朵长在砂粒似的叶状体表面，模样像灯泡，外面长有极细小的鳞片，一段时间后会结出圆形的小果实。不过，微萍开花的时候很少，它们主要靠叶状体侧面的芽囊进行无性繁殖，长出新的叶状体。这种繁殖方式非常迅速，只要 30 小时就可以繁殖一代。

十三、最稀有的植物——普陀鹅耳枥

　　你知道吗？ 由于地球气候的变迁和人类活动的影响，很多物种还没有被人类认识就已经灭绝了；有的物种人类刚刚认识，还没来得及进行有效的保护，最后也灭绝了；有的物种则比较幸运，人类刚刚发现它就对它进行积极保护和研究，帮助它繁衍以扩大种群数量。普陀鹅耳枥就是幸运的物种之一。

　　说普陀鹅耳枥（图 2-12）是最稀有的植物一点也不过分，因为完全野生的普陀鹅耳枥全世界目前只有一株。普陀鹅耳枥生长在浙江普陀山上，1930 年由我国植物学家钟观光发现，1932 年经著名植物学家郑万均鉴定命名。据当地人讲，以前普陀山上这种树

图 2-12　普陀鹅耳枥

曾有许多。由于生态环境逐渐恶化，到 1950 年左右，就剩下佛顶山上的这一棵了。这棵极其珍贵的鹅耳枥高达 14 m，胸径达

60 cm，虽历经沧桑，目前依然枝繁叶茂，生机勃勃。

怎样让这棵珍贵的植物繁衍后代，不会灭绝呢？普陀山园林管理处的工作人员发现，普陀鹅耳枥是雌雄同株植物，但雌花和雄花开花时间相差 10～15 天，自然状态下同株异花授粉的可能性几乎没有。工作人员就设法让它的雌雄花同时开放。1992 年秋天，普陀鹅耳枥终于结出了 108 粒种子。经过人工种植，1993 年得到了 67 株幼苗。后来，园林工作者用普陀鹅耳枥的枝条进行扦插试验，也获得了成功。这样，普陀鹅耳枥灭绝的危险大大降低了。

我国只剩一株的树木，除了普陀鹅耳枥之外，还有生长在浙江天目山的天目铁木。幸运的是，这株铁木于 1981 年结了几粒果实，科学家已经保存起来了。此外，还利用铁木的枝条进行了扦插繁殖。如今，天目铁木也度过了濒危时期。

十四、永不落叶的植物——百岁兰

你知道吗？ 多数植物的叶子只有 3～6 个月的寿命。比如柳树的叶子为 4 个月，樟树的叶子为 6 个月。百岁兰一生只长两片叶子，不凋不谢，在叶片基部生长的同时，上部的叶片逐渐枯萎脱落。

百岁兰（图 2-13）是一种裸子植物，生长在非洲东南部的近海沙漠里。这里气候炎热干旱，植被稀少，百岁兰以能适应这种极端气候而闻名。百岁兰是与恐龙同时代的孑遗植物，是世界八大

图 **2-13** 百岁兰

珍稀植物之一。由于这个物种非常古老，又非常特别，现在地球上几乎找不到它的近亲，所以植物分类学家把它单独划为一科——百岁兰科。

百岁兰是典型的旱生植物。它生长的沙漠里降水稀少，年降雨量只有 25 mm 左右。百岁兰生长在沙漠靠海边有雾的地方，它不但有发达的根系，还能依靠宽大的叶片吸收雾气中的水分。与沙漠干旱缺水的气候环境相适应，百岁兰通过一个圆锥状的块根固着在沙丘上，而地面上只长出两片叶子。

植物的叶子有不同的寿命。桑树的叶子寿命为 130 天左右，女贞的叶子能活 200 天，紫杉的叶子最多能活 10 年，百岁兰的叶子终生不会凋落。叶片基部能不停地生长，叶片末端不停地干枯。所以百岁兰的叶子只能越长越大，它的寿命在植物界里是最长的。百岁兰的寿命可以达到 100 年，因而被称为百岁兰。植物学家见到的最大的百岁兰的叶子长 6 m，宽 1.79 m，最老的百岁兰估计有 1 500～2 000 岁，因而又有千岁兰的称谓。

十五、疯狂的绞杀植物——细叶榕

你知道吗？ 热带雨林里植物的适应方式多种多样。有的植物通过快速生长占领上层空间，比如高大的乔木；有的植物通过捡拾大树枝叶缝隙漏下的阳光生存，比如苔藓等阴生植物；还有的植物自身比较纤细，却能缠绕在高大的乔木上爬到植物群落的顶层，并最终杀死乔木，这就是绞杀植物，比如细叶榕。

在动物界，尔虞我诈、弱肉强食的现象比比皆是。虽然植物不能运动，但在有限的空间和营养条件下植物之间的竞争也非常激烈，热带雨林中就存在着一类疯狂的绞杀植物。这些植物一开始依附在其他植物身上生长，最后再通过缠绕绞杀原来支持它生长的植物。

　　热带雨林里的绞杀植物有很多，比如桑科的榕属、五加科的鸭脚木属、漆树科的酸草属等，我国南方地区常见的细叶榕也是这样的植物。它的种子被鸟类吃掉后随鸟粪排泄在红壳松的树干或枝丫处。一段时间后种子萌发形成幼苗，随后就长出了向地面生长的气生根。这些气生根有的缠绕在红壳松上，有的到达地面钻入土壤形成真正的根，这些根会和红壳松争夺营养。气生根逐渐增多并互相缠绕融合，对红壳松进行无情的绞杀。这时，细叶榕的树冠也越来越繁茂，逐渐遮住了红壳松的树冠，使它见不到充足的阳光。这样，缺乏营养和阳光的红壳松慢慢地死亡了。随着时间的推移，原来支撑细叶榕的红壳松逐渐腐烂、消失，细叶榕的气生根就形成了一个空筒，但这时这些气生根已经强大到足以支撑自己的体重了（图2-14）。

图2-14　细叶榕绞杀大树后留下的空洞

　　在热带雨林里树木众多，生存斗争非常激烈。阳光是植物生存必需的环境因素。一些多年生的藤本植物在地面见不到阳光，就借助高大的乔木爬到最高处吸收阳光。它们用细长的茎紧紧地箍住大树，让大树的输导组织——韧皮部不能正常生长。它们还会从茎上生出很多气生根扎进土里，与大树争夺营养，最终导致大树死亡。

十六、一种木本寄生植物——槲寄生

你知道吗？ 在动物界，通过寄生方式生活的例子很多。有寄生在动物体内的，比如猪肚子里的蛔虫；也有寄生在体表的，比如猪身上的虱子。在植物界，寄生的例子也有很多。

在我国华北、东北地区成片的树林里，经常看到一种寄生在榆树、杨树上的一种常绿半寄生植物——槲寄生[图 2-15(a)]。

（a）　　　　　　　　　　　　　（b）

图 **2-15**　槲寄生

槲寄生属于槲寄生科，常寄生于榆树、杨树上，偶尔也可以见到寄生在柳树上的。当地百姓因其冬天也是绿色的，称之为"冬青"。槲寄生为常绿半寄生小灌木，高 30～60 cm，果圆形，黄色或橙红色，富有黏液质。

1. 槲寄生与宿主的关系

槲寄生有叶绿素，能进行光合作用，但根特化为寄生根，导管直接与寄主植物相连（图 2-16），主要从寄主身上获得水和无机盐，所以它是一种半寄生植物。但它的寄生也绝不是简单地吸收一点营养，它还通过自己的一些分泌物抑制榆树、杨树的生长，使寄主树叶早落，次年发芽迟缓。寄生的多了，会导致寄主顶枝枯死，叶片缩小，这对寄主不利，却对槲寄生有利，使它有机会接触到充足的阳光，获得更充足

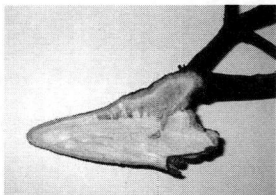

图 2-16　槲寄生的导管
直接与寄主植物相连

的能量。一般情况下，寄生生物对宿主的危害都是不太严重的，并不是致命的。这也有利于它自己，这样它才能持续地获得营养，长久地寄生下去。但也有寄生的槲寄生太多了，导致一棵大树枯死的现象[图 2-15(b)]。

2. 槲寄生的药用价值

《中华人民共和国药典》《中华本草》都有记载，槲寄生性平，味甘、苦，归肺、肝、肾、脾经。当地百姓还常用泡了槲寄生枝叶的水泡脚，治疗冻伤。我国最早的药物学著作《神农本草经》就已经将其列为上品，槲寄生也是近年天然药物研究的热点，有专家预测槲寄生有望成为继紫杉醇之后的又一种神奇的天然抗癌药。

3. 槲寄生的繁殖

冬天的北国，草木枯黄，树叶凋零，一派萧条。远远望去，树梢上一簇簇的槲寄生，就像一个个绿色的喜鹊窝；近看，它就成了村庄里唯一的绿色；再仔细看，槲寄生上结满了橘红的小果[图 2-15(a)]，几只小鸟在林间嬉戏。在严寒的冬季，这里除了喜鹊、乌鸦、麻雀以外，其他的鸟类是比较少见的，这些吃果实的鸟类的到来，使这里热闹了许多。它们会聚集在槲寄生周围，一边嬉戏一边吃果。槲寄生的果实很小，这些小鸟往往会将整个果

实吞进肚子里，而且果肉富有黏液，即使经过消化液的消化，果核依然被一层黏液覆盖着。这些果核随着鸟的粪便排泄出来，粘在榆、杨等树木的树枝上。第二年种子萌发，长出新的槲寄生个体。这样，槲寄生寄生在榆树、杨树上，鸟儿吃它们的果实，同时为它们传播种子。有时槲寄生的种子落在槲寄生身上，也会长出小的槲寄生，也就是它们可以寄生在同类身上，真是奇妙呢。

4. 槲寄生的现状与保护

由于槲寄生的种子靠鸟类在榆树、杨树等寄主中传播，且生长缓慢，因此槲寄生的野生资源有限。其特殊的繁殖和生长方式也决定了槲寄生不能像其他植物那样可以人工快速大批量种植，因此限制了槲寄生的进一步开发利用。近年来，槲寄生提取物的免疫调节活性和对肿瘤细胞的生长抑制活性已成为体外研究的重要课题。采集新鲜槲寄生全株植物用水提取，其水提物具有多种抗癌效果。由于槲寄生为民间常用药用植物，对人体十分安全，现在很多国家都有专家开展这方面的研究。

现在由于环境污染、人为捕杀，鸟类越来越少。而槲寄生只靠鸟类传播种子，鸟类的稀少导致槲寄生的繁衍遇到了前所未有的困难。加上它独特的药用价值正在被人类所了解，有很多商家收购槲寄生。冬天的槲寄生很脆，用木杆一戳就掉，一个人一天工夫就可以将一片林子的槲寄生除尽。而它的种子的萌发率很低，生长又很缓慢，长成簇丛需要 5 年左右，形成比较大的种群则需 20~30 年。由于人为采集，加上鸟类稀少繁衍困难，在北方槲寄生已经越来越稀少了，像图 2-15(b) 中这样大片的槲寄生在北方已经很少见了。所以，目前如何开发利用与保护并重，并研究槲寄生的人工培育方式，将是一个很重要的课题。

十七、一种草本寄生植物——菟丝子

你知道吗？ 在田间地头，很多豆科植物身上都可以看到菟丝子的身影。菟丝子看起来纤细文弱，生命力却非常强大。

菟丝子(图 2-17)是一种一年生寄生草本植物，属于旋花科菟丝子属。它没有根与叶的构造，通过茎吸附在宿主身上获得现成的营养而生存，所以被称作植物中的懒汉。菟丝子的分布范围非常广，在我国主要分布于山东、河北、山西、陕西、江苏、内蒙古、黑龙江、吉林

图 2-17 寄生在大豆植株上的菟丝子

等地区。菟丝子最常见的寄主是大豆，还有很多如豆科、藜科的双子叶植物和某些单子叶植物。菟丝子能从宿主身上吸收水、矿物质、有机物等现成的营养，所以它会像杂草一样危害农作物的生长。

那么，菟丝子是怎样寄生的呢？通过漫长的演化，菟丝子已经高度适应了这种寄生生活，它的种子有休眠能力，可以在土壤里存活数年之久，遇到适宜的条件种子就会陆续萌发，对宿主造成危害。每当春季来临，菟丝子的种子陆续萌发，形成挺立的茎秆，茎的顶端弯曲成钩状或环状。这时，可能农作物还小，菟丝子找不到适宜的宿主。但这没关系，它可以等。在适宜的条件下，它的茎可独立生活达一个半月之久。如果遇到适宜的寄主(比如大豆幼苗)，菟丝子就会迅速缠绕上去，长出吸器侵入植物体内，吸收宿主的养分，接着又长出很多分枝，通过分枝再去缠绕别的宿

主。这样蔓延开来，菟丝子的危害范围就会越来越广。到了夏季，菟丝子的茎上会开出白色的小花，秋天就会结果，果实成熟后，里面有褐色的种子。由于菟丝子缠绕在农作物上，它的种子又非常小，秋收时很容易混进农作物种子中。第二年用这些种子再种植，依然会有菟丝子寄生。所以农作物种子里一旦混入了菟丝子的种子，就会造成菟丝子连年危害、迁延难治的后果。

当然，菟丝子也不是有百害而无一利。它的种子有药用价值，是一味常用的中草药。

十八、最高的树——杏仁桉树

你知道吗？ 在大气压的作用下，普通抽水机只能把水送到 10.34 m 以内的高度。奇妙的是，很多高大的乔木能借助蒸腾拉力和根压像高级抽水机一样把地下水输送到高达百米的树冠。

如果举办世界树木高度竞赛的话，那只有澳洲的桃金娘科植物杏仁桉树（图 2-18）才有资格得冠军。杏仁桉生长速度很快，五六年的小树就可超过 10 m，胸径超过 40 cm。成年的杏仁桉树一般超过 100 m，据记载最高的一棵杏仁桉有 156 m。在人类已测量过的树木中，它是最高的一株。它的树干直插云霄，有五十层楼那样高。鸟在树顶上歌唱，在树下听起来，只有蚊子的嗡嗡声

图 2-18　杏仁桉树

那么小。

　　杏仁桉生长在澳大利亚的半干旱区。这种树基部的直径可达9 m，周长约30 m，十五六个人手指相连才能环抱。杏仁桉树干笔直，向上逐渐变细，枝和叶密集生在树的顶端。叶子生得很奇怪，一般的树叶都是表面朝天，而它是侧面朝天，像挂在树枝上一样，与阳光的投射方向平行。这种古怪的长相是为了适应气候干燥、阳光强烈的环境，减少阳光直射，防止水分过分蒸发。所以杏仁桉树下几乎没有阴凉，阳光可以从它的树叶缝隙漏下来。尽管有这样的适应策略，杏仁桉庞大的身躯每天仍需消耗很多水分。据估算，一棵高大的杏仁桉每天要蒸发掉超过170 t的水分，相当于一台小型抽水机在昼夜不停地工作。

　　杏仁桉有重要的经济价值。它是制造车船、家具的优良木材。杏仁桉的叶子有特殊的香味，可以提取桉叶油，桉叶油有一定的药用价值。

十九、奇特的食虫植物——猪笼草与捕蝇草

　　你知道吗？从来都是动物以植物为食，广阔的大自然里无奇不有，还真有以动物为食的植物。它们因为特殊的本领引起了人们的关注。

　　自古以来就有吃人植物的记载，比如我国清代文学家袁枚在他的小说集《子不语》中写有这样的一段：

树　怪
　　费此度从征西蜀。到三峡涧，有树子立，存枯枝而无花叶。兵过其下辄死，死者三人。费怒，自往视之。其树枝如鸟爪，见

有人过，便来攫拿。费以利剑斫之，株落血流。此后行人无恙。

传说南美洲亚马孙河流域的热带雨林里，有一种食人花，能将过往的行人捉住吃掉。但没有人能提供食人花的照片或标本，所以自然界里应该没有能吃人的植物。我们现在知道，能吃昆虫等小动物的植物有很多，这些植物被称为食虫植物。

食虫植物又称食肉植物，是一个稀有的类群。已知的食虫植物全世界共 10 科 21 属约 600 多种，典型的如猪笼草、捕蝇草、锦地罗等。

1. 猪笼草

全世界约有猪笼草属植物 67 种，我国仅广东地区产一种。猪笼草（图 2-19）在自然界常常平卧生长，具有总状花序，开绿色或紫色小花。猪笼草的叶可以分为叶柄、叶身和卷须，卷须尾部扩大并反卷形成瓶状，这就是它的捕虫囊。捕虫囊像一个带盖的小瓶，瓶口边缘和瓶盖里面都能分泌蜜汁，引诱昆虫等小动物进到瓶中取食。小动物爬到瓶口时，想观察一下瓶内情况，看看有没有危险，没想到瓶口非常

图 2-19 猪笼草

光滑，它们还没来得及站稳就"嗤"的一下滑到瓶底的消化液中。有的猪笼草的消化液里有毒素，可以让小动物很快死亡；有的猪笼草的消化液特别黏稠，昆虫挣扎一会儿就会被消化液淹死，最后被消化液中的蛋白酶分解成小分子营养物质，被植物作为肥料

吸收了。由于猪笼草的捕食属于守株待兔式的，所以它们捕捉的动物种类并不确定，可能是昆虫，也可能是体型较小的青蛙和蜥蜴。此外，不同种类猪笼草的捕虫囊大小不同，捕捉的动物当然也有差别，在印度有一种名为"Nepenthes Tanax"的猪笼草还能捕捉老鼠呢。

但并不是所有的昆虫进入捕虫囊后都只能束手待毙。由于落入捕虫囊里的昆虫较多，一些小动物竟然学会了利用猪笼草来获取食物。一种红蟹蛛终生生活在猪笼草的捕虫囊里。当有猎物落到捕虫囊底部的水坑里的时候，它会携带着一个气泡潜入水底将猎物吃掉，然后借助自己的蛛丝爬回水面。红蟹蛛留下的食物残渣和排出的粪便再被猪笼草吸收利用。红蟹蛛的存在会使昆虫的利用效率提高，而且不易滋生细菌。所以，它和猪笼草是一种互利共生关系。

2. 捕蝇草

捕蝇草也是一类食虫植物。它的一些叶子特化成捕虫叶。捕虫叶的叶柄末端有一个捕虫夹，捕虫夹里众多的无柄腺能分泌芳香的花蜜吸引昆虫进入，捕虫夹的边缘长有齿状的刺毛，可以将爬进捕虫夹的昆虫关住。当有昆虫循着捕蝇草释放的芳香气味进入捕虫夹的时候，捕虫夹可以在 40 ms 内迅速闭合将虫子夹住，夹子边缘的刺毛还会互相绞合形成牢笼把昆虫关在里面。而且昆虫越挣扎，捕虫夹关得越紧（图 2-20）。同时，捕虫夹里分泌出一种酸性很强的消化液，将虫体消化成可以被吸收的小分子。大约 5 天后，当昆虫的营养物质被吸收干净后，捕虫夹又重新张开，准备捕捉新的猎物。

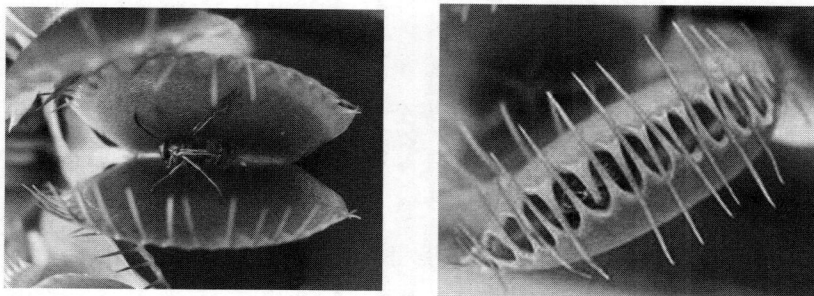

图 2-20　捕蝇草

以我们的眼光来看，捕虫夹越大，捕捉的昆虫应该越多。事实是不是真的这样呢？生物学家发现，在环境适宜、营养充足的情况下，捕蝇草会长出较大的捕虫夹，长度为 30～50 cm。可是我们不要认为这样大的捕虫夹会捕捉更多的昆虫。捕蝇草的捕虫夹尺寸是长期进化而来的最适宜的大小，以这样尺寸的捕虫夹可以让捕蝇草捕捉到尽可能多的昆虫。若捕虫夹太大，那么捕虫夹闭合需要的时间就会延长，昆虫就能及时逃走，捕蝇草的捕食机会就会减少，因为体形大而笨拙的昆虫毕竟是少数。因此，长出太大的捕虫夹对捕蝇草是不利的，会在自然选择中被淘汰。

由此看来，食虫植物的捕虫方法，有的是利用产生的黏性液体粘住猎物，有的是利用像瓶子似的叶子诱使猎物进入后再封口等。

这些捕虫器能够捕虫，还有一点是黏液里含有胺类物质，这类物质对昆虫有强烈的麻醉效果，可以使昆虫昏迷无力而无法挣脱羁绊。昆虫被捉住以后，捕虫器内的腺体还会分泌出消化液，它含有分解蛋白质的蛋白酶，使虫子被消化分解，从而被植物"吃"掉，或者通过捕虫器里的细菌等微生物把昆虫分解，然后再吸收营养。

　　我们还应该知道，食虫植物并不能通过食虫获得自身需要的全部营养，只能起到补充氮素等个别营养物质的作用。因为它们有根、茎、叶，可以靠自己制造养料而生活下去。既然这样，它们为什么又要捕食昆虫呢？原来食虫植物一般生活在沼泽荒滩等水分丰富却缺乏氮素的土壤环境里，它们捕食昆虫，是为了获得氮素营养，是对当地土壤缺乏氮素的一种适应。

二十、风沙卫士——沙棘

　　你知道吗？在辽阔无垠的沙漠里，夏天干燥少雨，极度干旱；冬天冰天雪地，非常寒冷。在这样严酷的环境中能生存下来的植物少之又少，沙棘就是其中的佼佼者之一。

　　在内蒙古广袤的浑善达克沙地，随处可见成片的沙棘林。它们在干旱缺水、冬季严寒夏季炎热的恶劣环境里顽强地生存着，在漫天飞雪的冬天里，繁茂鲜艳的沙棘果成串挂在枝头，经久不落，成为冬季沙漠的一道亮丽的风景线。那么什么是沙棘？它有哪些特性呢？下面我们来了解一下。

1. 沙棘的生物学特性

　　沙棘（图 2-21），俗称醋柳，酸刺，属胡颓子科，落叶灌木或小乔木。枝灰色，常有刺，叶线状披针形，被银色鳞毛。沙棘雌雄异株，花极小，带黄色，且为风媒花，春季先叶开放。果实呈

图 **2-21**　沙棘

广椭圆形，一般分为红色、橘红色、橙黄色、黄色等。沙棘主要分布于我国华北、西北和东北地区，是一种适应性强，抗旱耐涝，不择土壤，防风固沙的风沙卫士。

2. 沙棘的保土治沙作用

曾经，一次次强度罕见的沙尘暴在每年春季袭击我国华北、东北大部分地区。这些沙尘暴主要发源地就是蒙古高原，离北京最近的风沙源是浑善达克沙地。由于多年的农业开垦、过度放牧及近几年的严重干旱，导致原本是水草丰茂的贡格尔草原和植被繁茂的浑善达克沙地的生态环境严重恶化。据科学家统计，由于开荒种田、超载放牧等不合理的利用，从 20 世纪 90 年代开始，我国北方草原消失了约 $2 \times 10^6 \ hm^2$，占草原总面积的 30%。现存草原的草场质量也大不如前，处于半沙漠化状态。所以草原的保护已迫在眉睫，党中央、国务院在西部大开发战略中，提出了退耕还林、还草的策略，而保护草原、治理沙漠的首选屏障植物是沙棘。

沙棘是一种多年生灌木，有发达的根系，其根系可深达地面高度的 5 倍，须根横向生长可达 5 m，一株沙棘固沙保土面积可达 $80 \ m^2$，固沙能力之强，是其他乔木、灌木无法比拟的。不仅如此，沙棘还耐干旱、耐瘠薄，生存能力极强，栽培沙棘树苗时，每株只需 1 kg 左右的水即可成活，成活后还可通过种子以及裸露的根系繁殖（图 2-22），能迅速扩大林木面积。所以沙棘是治理我国华北、西北地区风沙的理想植物之一。

图 2-22 通过裸露根系繁殖的沙棘

3. 沙棘果的营养成分及药用价值

　　沙棘果（图 2-23）富含人体必需的多种维生素和矿物质，其中维生素 C、维生素 E、维生素 A、维生素 K 的含量，几乎居果蔬之冠。因此，专家赋予它"维生素宝库"的美称。尤以维生素 C 的含量最高，沙棘果中维生素 C 含量为 $800\sim850$ mg/100 g，高者

图 2-23　沙棘果

可达 $1\,500\sim1\,700$ mg/100 g，是中华猕猴桃的 $2\sim8$ 倍，苹果的 $20\sim35$ 倍，且极为稳定。《四部医典》《月王药诊》《晶珠本草》中都记载了沙棘的药用价值。1977 年，沙棘作为中药被列入《中华人民共和国药典》。

4. 沙棘的开发与利用

　　沙棘全身都是宝，它不仅能有效保持水土、改善生态环境，而且沙棘果营养丰富，具有很高的开发价值，在医药、保健和食用等方面具有广阔的发展前景。现在，人们根据沙棘的保健和药用价值，开发出的以沙棘为主的各种保健食品、药品别具特色，独树一帜，以沙棘果为主要原料制成的沙棘汁、浓缩汁、沙棘酒、小香槟和沙棘汽水等饮料以及沙棘果酱、果丹皮、沙棘膏等，有味道独特、芳香可口、老少皆宜等特点，故被誉为新型饮料和保健食品。

　　当然，因为沙棘果小多刺，不易采摘，给沙棘的开发利用带来了一定的困难。人们目前正在积极采取策略，想办法改变这些缺点，据悉美国已经用沙棘和樱桃杂交，得到了沙棘樱桃，不仅

使果实增大了，也使果实更加容易采摘，味道更加鲜美。我国也在探索沙棘的应用问题上投入了很多人力物力，所以，沙棘的应用开发前景还是非常乐观的。

二十一、果实当面包——面包树与猴面包树

你知道吗？ 在植物的种子或果实中能够作为动物食物的特别多，但像面包树这样树形奇特、果实特殊的明星植物少之又少。

1. 面包树

面包树又叫马槟榔、罗蜜树，是桑科波罗蜜属植物，原产于南太平洋的马来半岛以及波利尼西亚。如今因为人类的传播被广泛地种植在巴西、印度、斯里兰卡等地，我国广东和台湾也有种植。它是一种四季常青的高大乔木，树干粗壮、枝叶茂密，一般高 10 m，最高可达 40 m。成熟的面包树果实含有大量的淀粉、少量的蛋白质和丰富的维生素，有橄榄球那么大，在火上烘烤至金黄色便可食用。烤熟的面包树果松软可口，酸中带甜，与面包风味相近，所以大家亲切地称这种树为面包树。一棵面包树上一年可以长出200 多个果实，12 棵面包树就可以满足一个人一年的口粮。所以面包树是波利尼西亚人重要的食物来源。在他们航海探险时，会将面包树的根插带到其他海岛，为以后再来准备食物。

面包树的木材质地软，纤维粗，可作为建筑材料，当地人还常常用它制造独木舟。除此之外，由于它生长快，景观效果好，常被用作庭园观赏植物。

2. 猴面包树

有一种木棉科植物猴面包树也非常著名。它是有名的"大胖子

树"，树高一般不超过 20 m，树冠的直径可以达到 50 m，胸径却可以达到 15 m，要 40 个人手拉手才能合抱过来。猴面包树的果实含有淀粉，是猴子喜欢吃的食物，因而得名。

　　猴面包树原产非洲热带地区。这里的旱季漫长少雨，多数植物在这里无法生存，猴面包树却通过特殊的结构适应了这里严酷的自然环境。它的树干外皮致密坚硬，可以防止水分蒸发散失。树干内部却非常疏松，就像海绵一样可以储存很多水分。在雨季来临的时候，一棵粗大的猴面包树可以储存几吨水。到了干旱季节，它还会将叶子全部脱落降低水分蒸发。尽管猴面包树的生活环境异常恶劣，它们的寿命却很长，可以活过 5 000 岁。18 世纪时，法国植物学家阿当松就曾发现过一棵超过 5 500 岁的猴面包树。

　　由于生活环境干旱少雨，猴面包树只有在雨季来临时才开花繁殖。它的花朵非常大，有超过 30 cm 宽的花瓣，花心中还能分泌大量的蜜汁。奇特的是，这么大的花能在一小时的时间里完全开放。对树林里的小动物来说，蜜汁是难得的高热量美食。一种特大的天蛾能将长长的口器伸进花心吸取蜜汁食用，它出来时身上就沾满了花粉。当它飞向另一朵花的时候，就为猴面包树传播了花粉。一种身材矮小的鼠狐猴也喜欢趴在花的下面吸食流出的蜜汁。它还能捕捉天蛾。在它吃天蛾的时候，嘴巴上就粘上了天蛾带来的花粉，当它去另一朵花上吸食蜜汁的时候，也可以为猴面包树传播花粉。

　　现在，猴面包树是著名的庭园观赏植物，在世界各地都有栽培。

二十二、九死还魂草——卷柏

你知道吗? 水占生物体总质量的 $60\%\sim95\%$,是生物体内含量最多的化合物。但自然界里也有含水量极低却依然保持着强大的生命力的生物,卷柏就是这方面的代表。

水是生命之源,一切生命活动都离不开水。水在生物体内的含量一般为 $60\%\sim95\%$,水母体内的含水量高达 98% 。一般植物体内的含水量通常为 $70\%\sim80\%$;松、柏一类的木本植物的含水量要少一些,也有 $40\%\sim50\%$;沙漠地区的耐旱植物含水量可以低到 16% 。如果再低,这些植物的细胞就会因为新陈代谢不能顺利进行而死去。

可是,卷柏(图 2-24)在含水量降低到 5% 左右、用打火机可以直接点燃的情况下,却依然保持着生命活力。曾有日本学者发现用卷柏制成的生物标本在时隔 11 年之后仍能遇水复活。这种生命力超强的植物,就是有“九死还魂草”美称的卷柏。

图 2-24　卷柏(刘铁志供图)

卷柏这种特殊的本领是对它生活的环境的一种适应。它一般生长在干旱、半干旱地区向阳的山坡或岩石缝隙里,那里土壤贫瘠,蓄水能力很差,而且这些地方降水稀少,每年有数的几场雨水就是它生长发育的水源。在这种极度缺水的环境选择下,它进化出了这种特殊的本领。

　　卷柏在我国大部分地区都有，主要分布在山东、河北、辽宁以及内蒙古中部地区。卷柏不但耐旱，还会迁移。在正常生长的时候，卷柏枝叶舒展，翠绿可人。在遇到严重干旱的时候它就会自己把根拔出来，蜷缩成一团，随风滚动进行迁移。如果再遇到水分充足的适宜条件，它的根就会重新钻进土里进行生长。

　　卷柏有一定的药用价值，是一味中草药。此外，由于卷柏姿态优美，翠绿可人，又非常耐旱，特别容易成活，很多人还将它栽培作为盆景观赏呢。

二十三、胎生植物——红树与佛手瓜

　　你知道吗？在动物界，只有最高等的哺乳动物是胎生的。如果有人告诉你某种植物也是胎生的，你会相信吗？在我国境内，胎生植物共有 15 科 24 属 51 种。下面介绍两种常见的胎生植物。

1. 红　树

　　在我国广东、福建等地的沿海滩涂上常见的红树就是典型的胎生植物。一般情况下，植物的种子成熟后就会从母体上脱落下来。种子依靠动物、风、水等传播媒介到达一个新的环境。如果条件适宜，种子就会萌发形成幼苗。有的种子还需要经过寒冷等条件的刺激才能解除休眠。但红树的种子成熟之后不脱离母体，也没有休眠过程，而是直接在果实里发芽长成胎苗。当胎苗长到接近 30 cm 的时候，就会在重力的作用下从母体上脱落下来，扎进海边的淤泥里，开始独立生活。如果胎苗下落的时候恰逢涨潮，它也不会被淹死。因为它的体内含有空气，可以长时间漂浮在海面上不死。也许一天两天，也许十天八天，一旦海水退去露出海滩，胎苗就很快扎根占据新的领地。几十年之后，这里就演变成了一片红树林。

由于长期生长在淤泥里，有时还要浸泡在海水中，红树的根细胞就会缺氧，这样它会不会被憋死呢？当然不会。红树能长出呼吸根，这些呼吸根像手指一样从水中伸出，呼吸根内有特殊的结构可以储存空气。这样，红树的根即使长期泡在水中也不会缺氧。还有，海水潮起潮落，无风三尺浪，红树会不会站不稳脚跟而被海水冲走呢？也不会。因为红树还能长出另一种根——支柱根。这些支柱根从树枝上生出，向下生长，最后插进海滩淤泥里，形成抵御风浪的稳固支架。

2. 佛手瓜

佛手瓜原产于墨西哥和中美洲，19 世纪传入我国，现在浙江、福建、广东、云南等南方省区都有种植。佛手瓜的果实、嫩茎叶、卷须、地下块根都可食用。果实含锌较高，可以促进儿童智力发育，缓解老年人视力衰退。

佛手瓜的原产地每年都有旱季和雨季的区分，旱季干旱漫长，雨季气温高湿度大。佛手瓜在雨季里会迅速生长，很快就开花结果。但它的果实不会脱落，种子就在果实里萌发，利用果实里的水分和营养度过旱季。等到雨季来临，果实就会落到地面，里面的幼苗就会长出不定根发展成独立的植株，然后这些幼苗会趁着雨季再迅速生长并开花结果。

第三章　我国珍稀植物

一、桫椤

你知道吗？ 在中生代盛极一时的恐龙是以什么为食呢？这就要分析当时的植物主要有哪些类群。当时是蕨类繁盛的时候，所以植食性恐龙的主要食物是蕨类植物。桫椤是现在唯一幸存下来的木本蕨类植物，在中生代它应该是大型植食性恐龙的食物之一。

桫椤（图 3-1）又叫树蕨，全世界的桫椤共有 6 属 500 多种，中国有 2 属 14 种和 2 个变种。桫椤在白垩纪曾盛极一时，与恐龙并称当时的两大标志性生物，是植食性恐龙的主要食物。经过沧海桑田的历史变迁，多次强烈的地壳运动和气候变化，只有极少数的桫椤幸存下来，成为目前地球上仅存的木本蕨类植物。

桫椤树高 6 m 左右，胸径可达 20 cm。从外观上看，桫椤有

图 **3-1**　桫椤

些像椰子树。仔细观察，桫椤圆柱形的树干直立挺拔，上面布满棕黑色不定根，底部的根长短不一交织在一起，形成厚厚的"根被"，上面常常生长着小植物和苔藓，给人以历经沧桑之感。树顶长着老、中、青三层长约 4 m 的羽状复叶，仿佛一把绿色的巨伞。

桫椤叶似凤尾，形如华盖，具有很高的科研价值和独一无二的观赏价值。现在常常将它栽种在庭园的阴湿之处作为大型观赏植物。驻足观赏，你会不由自主地想到它曾经盛极一时的过去，也会为它濒临灭绝的现状而担忧。

晒干之后的桫椤颈部被称为蛇木，可以制成蛇木板、蛇木柱等，木屑可以作为栽培热带兰的基质。蛇木入药被称为"龙骨风"。

过去，我国的福建、台湾、广东、广西、海南、贵州、云南等地都有桫椤分布，很多文人墨客还写下了关于桫椤的诗歌，比如下面这首。

桫椤树

宋　梅尧臣

桫椤古树常占岁，在昔曾看北海碑。

今日四方俱大稔，不知荣悴向何枝。

由于桫椤是木本蕨类植物，繁殖周期很长。它没有花，也不会产生果实和种子。它的自然繁殖靠叶子背面的孢子进行，对自然环境的依赖很大。从孢子萌发到幼年孢子体，需要一年以上，而这一段时间的温度、湿度变化都可能使它死亡。近年来，由于森林被大量破坏，桫椤生存的环境越来越恶劣，它需要的温暖、潮湿、荫蔽、土层肥厚的环境条件越来越难以满足，这使桫椤的自然繁殖越来越困难。再加上人为砍伐等原因，世界上的桫椤已经处于濒危状态。联合国教科文组织将它列为珍稀濒危植物。我国也将它列为国家一级保护植物，还在贵州赤水和四川自贡建立了桫椤自然保护区。在自贡市容县有一个占地 10 km² 的桫椤谷旅游景区里约有 1.6 万株桫椤，蔚然成林，非常壮观。

幸运的是，现在桫椤的人工繁育技术已经比较成熟，人们不必担心这种珍贵稀有的植物彻底消失，但如何保护它们的自然生存环境，让它们自然繁衍生息，仍是我们亟待解决的问题。

二、百山祖冷杉

你知道吗？ 由于地球的造山运动，地球气候的变迁，很多生物灭绝了。我国西南地区，地形复杂，层峦叠嶂，气候类型多样，成了一些物种的避风港，它们在这个适合自己的小环境里生存繁衍，遗留至今，成为珍贵稀有的孑遗物种。

百山祖冷杉（图 3-2）属于裸子植物门松科冷杉属的一种常绿乔木。树皮灰黄，小枝条一左一右对称而生，叶子在小枝上呈螺旋状排列。百山祖冷杉是第四纪冰川期遗留下来的植物，有"植物活化石"和"植物大熊猫"的美

图 3-2　百山祖冷杉

称，对研究地质历史时期的气候、地质变迁、生物进化等都有重要意义。

百山祖冷杉分布在浙江省庆元县百山祖南坡海拔约 1 700 m 的树林中。1963 年最初发现时，百山祖冷杉仅存 3 株，其中一株衰弱，一株生长不良，最高的一株达 17 m。百山祖冷杉是国

家一级重点保护野生植物，1978 年被列为世界最濒危的十二种植物之一。

为了恢复百山祖冷杉的种群，林业专家采集来百山祖冷杉的种子，进行人工育苗。经过不断摸索，1982 年采用日本冷杉作为砧木进行嫁接繁殖取得成功，培植成了一些幼苗。由于百山祖冷杉自然繁殖能力差，极少开花结果，直到 1991 年科研人员才有机会采集到一些种子，又经过 20 多年的精心培育，目前迁地保护的百山祖冷杉实生苗株生长健壮，长势喜人。但百山祖冷杉有一个最大的缺点就是生长缓慢，20 多年的时间才长到约 2 m 高。

还有专家对百山祖冷杉进行了植物组织培养，希望用无性繁殖的方式获得大量幼苗。但他们发现，获得愈伤组织比较容易，再由愈伤组织生根就很难了，所以这种方法还没有获得最后的成功。由于还没有找到可以迅速大量繁殖百山祖冷杉的可行办法，目前它仍然有很大的灭绝危险。

三、珙 桐

你知道吗？ 在 6 500 万年前，一颗小行星撞击了地球。剧烈的撞击造成大规模的岩浆喷涌，同时有严重的地震、台风等自然灾害。火山喷发产生的烟尘遮天蔽日，使地球天气骤变，植物的光合作用大受影响，冬天也变得极为漫长而寒冷。在这种情况下，适应原来温暖湿润气候的恐龙找不到充足的食物，也适应不了寒冷的天气，纷纷冻饿而死，最终造成了恐龙灭绝。在复杂多变的气候条件下，体外披毛、体温恒定的哺乳动物存活了下来，并繁衍进化成最高级的动物类群。由于地球气候巨变，大部分地区被冰川覆盖，很多植物也都灭绝了。一些连绵不断的山脉阻挡了冰川的移动，维护了局部相对稳定的环境，使极少的古老物种幸存下来，这就是今天的孑遗物种。

珙桐（图 3-3）是新生代第三纪留下的孑遗植物，在第四纪冰川时期，大部分地区的珙桐相继灭绝，只在我国南方一些地区的珙桐幸存下来，是植物界的"活化石"之一，是我国一级重点保护植物中的珍品，为我国特有的珍稀名贵观赏植物，又是制作名贵家具的优质木材。

图 3-3　珙桐

珙桐枝繁叶茂，花朵上白色的大苞片就像鸽子的一双翅膀，暗红色的头状花序好像鸽子的头部，绿黄色的柱头则像鸽子的嘴喙。春末夏初时节，是珙桐开花的日子，从初开到凋谢色彩多变，一树之花，次第开放，异彩纷呈，人们称赞它为"一树奇花"。当花盛开的时候，一对对白色的苞片在绿叶间浮动，就像满树白鸽展翅欲飞，所以人们常以珙桐象征和平，西方植物学家称珙桐为"中国鸽子树"。

珙桐适宜生长在深山云雾中，不耐瘠薄，不耐干旱，要求较大的空气湿度，喜中性或微酸性腐殖质深厚的土壤，在干燥多风、日光直射的地方则生长得不好。珙桐的幼苗生长非常缓慢，喜阴湿，成年珙桐则趋于喜光。

在我国，珙桐的分布范围较广，贵州的梵净山、湖北的神农架、四川的峨眉山等处都曾发现过珙桐，在桑植县天平山海拔 700 m 处，还发现了上千亩①的珙桐林，这也是目前发现的珙桐最集中的地方。但由于森林植被的破坏和挖掘野生苗栽植，野生珙桐分布范围越来越小，种群数量也逐年下降，如果不采取积极有效的保护措施，这种珍稀的植物将在野外消失。目前，人工繁育珙桐的技术已经比较成熟，这可以保证各地栽植观赏珙桐的需求，也在一定程度上起到了保护野生珙桐的作用。

四、鹅掌楸

你知道吗？ 在清代，皇帝出巡的时候，有许多内大臣和御前侍卫跟随，这些人都要身穿明黄色的"黄马褂"以示恩宠和尊贵。后来，有军功的大臣也被赐予"黄马褂"，是非常高的荣誉。每到深秋，鹅掌楸的叶子就变成无数金黄色的"黄马褂"，随风飘荡，非常美丽。

鹅掌楸（图 3-4）的叶片形似鹅掌，所以有这个称呼。它又名马褂木，因为它的叶子变黄以后又特别像黄马褂。鹅掌楸属于木兰科鹅掌楸属，是一种高大的落叶乔木，是国家二级保护植物。在我国安徽、浙江、江西、福建、湖南、湖北、广西和云南等地有零星分布。

图 3-4 鹅掌楸

鹅掌楸为落叶乔木，树高可达 60 m，胸径可达 3 m。叶互生，

---

① 一亩约为 666.67 m²。

叶外形似鹅掌，长 6～12 cm，先端平或微凹，两侧各有一裂片。花大而美丽，清香宜人。深秋时节，鹅掌楸的金黄色叶子就像一个个鲜艳的黄马褂，迎风摇曳，令人心旷神怡，是珍贵的行道树和庭园观赏树种。

在欧洲、格陵兰和日本都曾发现过白垩纪时的鹅掌楸化石。进一步研究表明，新生代冰河时代之前鹅掌楸属植物曾在北半球广泛分布，后来气候变化导致它们绝大多数灭绝了，只有鹅掌楸和北美鹅掌楸这两个间断分布的种类生存了下来，成为著名的姊妹子遗植物。所以，鹅掌楸对研究古代气候变迁，古植物区系的变化有重要的科研价值。

鹅掌楸木材通直，材质细密，韧性强，软硬适中，纹理清晰，是建筑和制作家具的上好木材。鹅掌楸的树皮、树根可入药，有药用价值。

鹅掌楸是虫媒花，它的花期在 4～5 月份，此时正值长江流域的雨季，经常会有低温、暴雨等因素影响昆虫传粉。此外，它的花为雌雄同株但不同期成熟，需要异花传粉，但雌蕊的受精期极短，雌蕊柱头会很快变褐而不接受花粉，这些原因使它的自然结实率很低。由于人类的活动，适于鹅掌楸生长的生态环境大部分被破坏，再加上现存个体数量太少，基因多样性已基本丧失，这些都是它趋向灭绝的原因。

现在，利用种子繁育鹅掌楸的技术已经基本成熟，鹅掌楸也被人工栽植到南京、昆明、上海、青岛等地，但数量依然很少。

五、银　杉

你知道吗？ 银杉是我国特有的一种子遗植物，它似松非松，在针叶的背面有两条银白色的气孔带，在明媚的阳光照耀下，当清风拂过时，银杉就会发出闪闪银光，令人过目难忘。

银杉是中国特有的孑遗物种，属于松科单型属植物，有"植物中的大熊猫"的美誉。它由我国植物学家钟济新在1955年发现，1962年由陈焕镛、匡可任两位教授命名。银杉喜欢温暖、雨雾多、湿度大、日照少的高山气候，分布在我国广西、湖南、贵州等地海拔940～1 870 m的山坡上。在恐龙繁盛的时代，银杉曾经广泛分布于欧亚大陆，在德国、波兰、法国以及俄罗斯都曾发现过它的化石。在距今300万年前的冰川期，我国西部地区纬度低，地形复杂，层峦叠嶂，阻挡了冰川运动，成为某些生物的避风港。银杉、水杉和银杏等珍稀植物被保留了下来，成为古老历史的见证者。

银杉是松科的常绿乔木，主干高大通直，挺拔秀丽，可高达24 m，胸径通常达40 cm，有个别可达80 cm。它枝繁叶茂，看起来似松非松，似杉非杉，尤其是在其碧绿的线形叶背面有两条银白色的气孔带，每当阳光明媚，清风拂叶，银杉就会发出闪闪的银光，特别亮丽迷人，银杉之名便由此而来。

银杉形态特殊，胚胎发育与松属植物相近，对研究松科植物的系统发育有重要价值。此外，它的存在对研究古植物区系、古地理及第四纪冰期气候等，都有重要的科研价值。

在四川的金佛山，现有银杉1 978株，最高的一株高26 m，胸径53 cm。为了保护这些银杉及其生态环境，当地已经成立了金佛山自然保护区。现在，银杉的人工繁育主要靠种子，也可以用马尾松苗作砧木进行嫁接，但成功率较低。对于怎样对银杉进行快速的人工繁育，现在仍是一个重要的课题。

六、银　杏

你知道吗？ 银杏也是原产于我国的著名活化石植物。它树形挺拔，姿态优美，是著名的观赏树种。它的种子营养价值极高，是人们喜爱的干果。这些原因使银杏广为栽培，在唐代就传到了日本，现已广泛分布于世界各地。

银杏（图 3-5）也是著名的活化石植物，属于裸子植物银杏纲。银杏纲植物出现于 2 亿 7 000 万年前，恐龙繁盛时曾经遍布世界各地，新生代衰退，第四纪冰期后仅孑遗银杏一种，特产于中国。由于银杏具有许多原始性状，对研究裸子植物系统发育、古植物区系、古地理及第四纪冰川气候有重要价值。

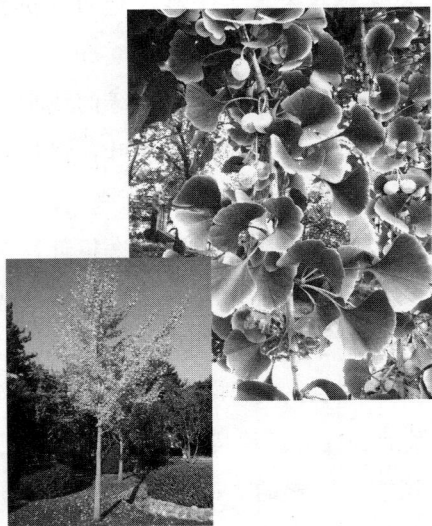

图 3-5　银杏

　　银杏与松、杉都属于裸子植物，但银杏与它们却有很多不同。比如松、杉的叶都是针叶，而银杏的叶为扇形的宽叶，这是它和其他裸子植物显著不同的一个地方；松、杉为常绿植物，银杏为落叶植物。银杏的寿命非常长，是植物界的长寿明星，能活到3 000多岁。大的银杏树高可达40 m，胸径可达4 m。我国江苏省徐州市有一棵1 500多岁的古银杏树，山东省莒县定林寺有一棵3 000多岁的古银杏树。

　　我们常说的银杏果其实并不是它的果实，而是它的种子。银杏的种皮可以分为三层：肉质外种皮、骨质中种皮和膜质内种皮。所以我们看到银杏果外面的白色硬壳其实是种皮，里面是可以食用的种仁。由于银杏的种子外面没有果皮包被，它属于裸子植物。我们常见的杏、梨、桃等果实，种子外面有果皮包被，属于被子植物。

　　银杏种子为著名的干果，种仁含蛋白质、脂肪、糖类及少量组氨酸、胡萝卜素和核黄素等。银杏叶含有多种黄酮类化合物，可供药用。我国的江苏泰兴因盛产银杏而著名，全市有银杏约451万株，年产白果（银杏种仁）3 000 t左右，约占全国总产量的1/3。

　　银杏的木材结构细密，纹理均匀，质地轻软，有弹性，带光泽，不开裂，易加工，无异味，是优良的建筑和家具用材。

　　银杏的扇形叶片秀气典雅，树冠呈较规则的圆锥形，大量种植时更显得规整美丽，是优良的庭园观赏树。在秋天，地面的草依然鲜绿，银杏叶却已变成金黄，在夕阳的映射下宛如仙境，有种特别的美感，特别受摄影工作者的喜爱。此外，银杏能吸收烟尘和二氧化硫，是难得的空气净化植物，在污染严重的地区应该大量种植。

七、坡　垒

你知道吗？ 热带地区的森林都是热带雨林吗？答案是不一定。研究表明，龙脑香科植物是热带雨林的标志。如果没有了这类植物，就表示森林已经被破坏，不能称为热带雨林了。坡垒是我国为数不多的热带雨林中的代表性物种，它的存在与否，标示着热带雨林是否遭到了破坏。

坡垒（图 3-6）是产于海南岛的龙脑香科植物，它是海南岛热带雨林的代表树种。坡垒对研究亚热带植物区系有科研价值。我国只有海南和云南的少数地区有热带雨林，而坡垒等龙脑香科植物是衡量热带雨林是否存在的重要指标。

图 3-6　坡垒

坡垒为常绿乔木，株高可达 30 m，胸径可达 85 cm。树皮呈黑褐色，有纵向裂纹。叶片呈椭圆形，革质，长 6.5～20.5 cm，宽 4～11.5 cm。花序为顶生圆锥形，花萼 5 片，花瓣 5 片，雄蕊 15 枚。果实为卵圆形的坚果，坚果外面有长约 7 cm 的翅状萼包被。坡垒生长在林木繁茂的热带雨林中，比较耐阴。

坡垒是海南特有的珍贵用材树种。木材呈棕褐色，结构致密，纹理美观，坚韧耐用，而且特别耐水渍，不受虫蛀，埋在地下 40 年不腐烂。所以坡垒木材不仅可以制作各种工艺品和名贵家具，还可以用来制造船舶和桥梁等。

由于坡垒的木材比较名贵，曾遭到大量砍伐，而自然界里的坡垒生长缓慢，种子又极易丧失发芽能力，这导致坡垒已经成为濒危物种。

现在，坡垒仅在海南岛少数地区有分布，集中生长于尖峰岭和坝王岭热带雨林，以及零星分布于全岛部分沟谷、山地。它要求炎热、静风、湿润的生长环境，土壤主要为花岗岩母质上发育的山地砖红壤和赤红壤。目前发现的野生坡垒大树仅有数百株。为了保护坡垒，国家将它定为一级保护植物，对现存的坡垒实行禁伐政策，此外还积极进行人工培植，选择适于它生长的地方，大量繁殖造林。

八、金茶花

你知道吗？ 金茶花的花朵颜色金黄，娇艳美丽，可供观赏。晒干后的花朵就是金花茶，泡水饮用可以降低血糖。

1960 年，我国科学工作者在广西防城港市的兰山支脉里发现了金茶花。它是一种古老的植物，全世界 90% 的金茶花分布在我国，在越南也有零星分布。金茶花属于山茶科山茶属，与茶、山茶、油茶等是一类植物。晒干的花就是名贵的金花茶，经常饮用能促进胰岛素分泌，有明显的降血糖、减少尿糖的作用。金花茶还能降低血脂，防治动脉粥样硬化。常饮还可以防癌抑癌，所以金花茶是一种珍贵的药用名茶，有"茶族皇后"的美誉。

金茶花是茶科家族里唯一拥有金黄色花朵的类群。它需要定植 3～5 年才会开花，每年 7～8 月开始出现金黄色的花蕾，11 月花完全开放，盛花期可达 $1\sim2$ 个月。花瓣呈漂亮的金黄色，表面有一层光亮的蜡质，朵朵金花点缀在玉叶琼枝之间，高贵典雅，令人赏心悦目，所以金茶花还是重要的观赏树种。高 1.5 m 左右的金茶花盆景可以卖到 1 万元左右，高 2 m 左右的盆景可以卖到 3 万元左右。在国际市场上，曾有一盆漂亮的金茶花盆景卖到 2.5 万美元。

由于野生的金茶花特别稀少，国家已于 1984 年将它列为一级保护植物。为了让这一国宝繁衍生息，林业工作者正积极进行人工繁育实验。

金茶花可以用种子繁殖，也可以用当年的嫩枝扦插繁殖，还可以进行嫁接繁殖。由于金茶花有巨大的市场需求，现在人们已经开始尝试运用植物组织培养等高新技术对它进行人工繁育。

九、望天树

你知道吗? 我们常见的杨、柳、松等树木一般能长到 10 m 高，直径几十厘米。在美国加利福尼亚的山区，有一种巨杉，树的直径为 $5\sim7$ m，树高 $50\sim85$ m。在我国境内的西双版纳森林里，也有一种高达 60 m 的望天树。

望天树(图 3-7)又叫擎天树、大乔木，是 1975 年在西双版纳森林里发现的一种特别高大的乔木。该树为我国特产的珍稀树种，共 11 种，只分布在西双版纳约 20 km^2 的热带雨林里。1999 年被列为国家一级保护植物。

望天树可高达 60 m，胸径可达 150 cm。它的木材没有特殊气味，而且非常坚硬、不受虫蛀、结实耐用，木材纹理通直，花纹漂亮，有天然的黄褐色，是制作高级家具的理想材料。由于是稀有树种，望天树还有重要的科研价值。

望天树虽然高大，但结实率很低，而且由于虫害等原因落果比较严重，这是它濒临灭绝的内在原因。在发现这个珍稀物种之后，林业工作者着手研究它的人工繁育技术。他们发现，由于望天树

图 3-7 望天树

太高大，上树摘果采集种子的办法显然不行，只能等果实脱落后在地面收集。但它的种子落在地面上多数都会很快腐烂，遇到多雨天气，很多成熟果在脱落之前种子就已发芽。所以必须及时采收，再剔除腐烂的、发芽的、有虫害的，之后去掉果翅赶紧播种。

望天树除了可用种子繁殖以外，还可以用 1 年生健壮枝条进行扦插繁殖。现在，人工繁育望天树的技术已经比较成熟，这种植物的濒危状态将会得到改善。

十、秃 杉

你知道吗？ 我国古代思想家老子提出了"天人合一"的思想，提倡人与自然和谐地发展。但人类在砍伐森林的时候，很少考虑树木的自我更新能力。而是常常采用涸泽而渔、焚山而猎的急功近利式的做法。很多自然资源在人类的乱采滥挖下很快就已经枯

竭了。我们与其在破坏了以后再进行保护和恢复，还不如一开始就合理有序地开发利用。

秃杉最早在 1904 年发现于我国台湾的中央山脉海拔 2 000 m 的高山上，后来陆续在我国湖北、贵州、云南以及缅甸的北部也发现了秃杉。它树干通直，材质细腻，花纹美观，芯材呈红褐色，边材呈黄褐色，是优良的建材，因而被发现之后遭到大量砍伐，使其分布区域逐年减少。再加上它自然更新缓慢，被砍伐的都是 500 年以上的大树，目前已处于濒危状态，是国家一级保护植物。

秃杉是古老的孑遗植物，对研究第四纪冰期的古地理植物区系和古气候环境有重要的价值。它在 10 年树龄以前生长较慢，10 年以后最大年增高幅度可达 2 m，直径增粗幅度可达 2.4 cm。秃杉生长迅速，材质优良，是优良的速生造林树种。

目前，秃杉的大田育苗已经获得成功。每亩可培育秃杉幼苗 4 万株左右。秃杉高大挺拔，四季常青，秀丽端庄，有很高的观赏价值，将会成为一种新的风景园林树种。

十一、金钱松

你知道吗？ 我国野生金钱松个体稀少，繁衍困难。它的叶片呈辐射圆盘状，到了秋天叶色金黄，特别像金色的铜钱，这使金钱松成为人们喜爱的观赏树种。金钱松被引种到北美、欧洲和日本等地，是世界五大公园树种之一。

金钱松的叶在短枝上簇生，辐射成圆盘状。深秋时叶色金黄，特别像金色的铜钱，因而被称为金钱松。金钱松是松科金钱松属的一种古老的孑遗植物。在恐龙称霸地球的时代，金钱松曾广泛分布于地球。在西伯利亚、亚洲中部、中国东北、日本、欧洲、美国西部都曾发现过金钱松的化石。由于第四纪冰川的影响，世界各地的金钱松基本灭绝，只有中国长江中下游的少数地区有一些金钱松幸存下来。由于它个体稀少，且分布呈零星的小片，结果又有明显的间歇性，使野生金钱松越来越少，因而亟须保护。我国已经将金钱松列为国家二级保护植物。

金钱松是高大乔木，目前发现的野生金钱松最高的超过 40 m，胸径 1.7 m。野生金钱松一般散生在海拔 100～1 500 m 的针叶或阔叶森林里。幼年的金钱松能耐受一定的荫蔽，成年个体喜光，生长在土层深厚肥沃且排水良好的酸性土壤里。金钱松喜欢温暖、多雨的气候条件。它的树皮很像油松。灰褐色的树皮很粗糙，裂成不规则的鳞片状。树枝平展，树冠呈宽三角形。

金钱松结果有间歇性，一般相隔 3～5 年，有的甚至 7 年才大量结果一次。幼年金钱松所结果实里没有种子，树龄 20 年以上的生长旺盛的大树结实率较高。金钱松可以用种子繁殖，也可以在早春时用带有 3～5 个芽的 10 cm 左右的枝条扦插繁殖。

金钱松木材硬度适中，纹理通直，可以作为建筑材料或家具材料。金钱松的根皮有药用价值。金钱松的根内有共生真菌，近年发现这种内生真菌的培养液有杀灭钉螺的作用。钉螺是日本血吸虫的中间宿主，杀灭钉螺是控制日本血吸虫病的关键。

金钱松树姿优美，叶似金钱，是珍贵的观赏植物。不论单独种植，还是成列、成片种植，都能自成风景。

第四章　植物中的外来物种及防治策略

　　现在经常有报道说某某外来物种严重破坏了当地的自然环境，治理起来又非常困难。这些外来物种引起的环境问题日益受到人们的关注。据统计，美国每年因外来物种入侵造成的经济损失有 1 500 亿美元，印度为 1 300 亿美元，南非为 800 亿美元。我国也非常严重，仅几种主要外来物种造成的经济损失就高达 574 亿元人民币。那么，我国目前常见的外来物种有哪些？它们造成的危害有多大？我们现在简单地了解一下。

一、水葫芦

　　你知道吗？ 水葫芦最初是 20 世纪 50 年代作为价廉物美的饲料引入我国的，谁也没料到 50 年后水葫芦居然变成人人喊打的"绿魔"。

　　据统计，目前水葫芦(图 4-1)在我国 18 个省市肆虐，华北、华南、华东、华中的河湖水道都有水葫芦泛滥成灾。疯长的水葫芦不仅影响水生植物的生长，还阻塞航道，影响渔业生产，给当地的旅游业也造成了巨大的经济损失。我国每年因水葫芦造成的经济损失超过 1 亿元。上海是水葫

图 **4-1**　水葫芦

芦危害较重的地区，每年秋冬季节，水葫芦从上游河道进入黄浦江、苏州河，造成河道淤塞，妨碍通航，使河道水域生态链失衡。2002 年，上海开始大规模打捞水葫芦，每年的打捞量在 60 000～70 000 t。

水葫芦又名凤眼蓝、水浮莲、假水仙等。原产于南美委内瑞拉，后传播到世界上 60 多个国家。由于在原产地有 200 多种天敌昆虫的制约，所以水葫芦仅是水体中的一种零星分布的观赏性物种，并不造成生态灾难。水葫芦外表并不丑：它浑身碧透，绿得醉人，簇簇紫花绽放若热带兰，花瓣上偶尔可见黄、蓝斑点，作为盆景置于庭园，不比荷花逊色。

水葫芦为什么能泛滥成灾呢？具体原因有以下几点：它生命力旺盛，不择水质，适应能力很强，在很多生态环境中都可生长。水库、湖泊、池塘、渠道、流速缓慢的河道等是其最为适宜的生态环境，在稻田中它也能快速生长而成为害草。在 15 ℃～40 ℃气温下，只要将其扔到水中就会疯狂繁殖。水葫芦每个茎秆上都可以分出许多匍匐茎，匍匐茎上再分化出新个体。这样，1 株水葫芦 10 天后就可以变成 9 株，90 天后就可以变成 25 万株。此外，水葫芦还可以通过种子繁殖，它的一株花穗可以产生 300 多粒种子，种子很小，枣核状，黄褐色。种子落在水中难以清除，沉积到水下的污泥里可以存活 20 年。

那么，水葫芦有没有实际用途？虽然水葫芦已经泛滥多年，但它的实际用途真的没有多少。曾有人尝试把它切碎后作为饲料喂猪，但它的养分太低，猪吃了饿不着，但也不爱长肉。这对养殖户来说是得不偿失的，所以这种应用没能推广下去。在实在找不到用途的情况下，人们只好将打捞上来的水葫芦作为垃圾扔掉，但每年的打捞、运输、填埋需要大量费用。从 2002 年开始，我国投入千万元的启动资金，研究水葫芦的科学控制方案和资源化综合利用问题。目前，已经研究出了抑制水葫芦无性繁殖的方法，以减少打捞、运输和填埋的花费。还有人尝试将打捞上来的水葫芦制沤制成有机肥，不过距离大规模生产还有一定的距离。正像人们说的：垃圾是放错地方的宝物。相信随着对水葫芦的开发利用，也许在不久的将来它会变成一种重要的工业原料，带动一系列产业的发展。

二、加拿大一枝黄花

你知道吗？ 加拿大一枝黄花原产于北美洲。因其花色金黄亮丽，花期长，作为观赏植物引进我国，鲜花店里常用它配色。由于它生命力强，繁殖快，逸生野外成为著名的害草。

加拿大一枝黄花在分类上属于菊科一枝黄花属。该属全世界约有 125 种，主要集中在北美洲。我国的一枝黄花属植物有三种，分别是毛果一枝黄花、一枝黄花、钝苞一枝黄花。其中野生的一枝黄花是一种中药，在野外已经不多见了。加拿大一枝黄花是外来生物。因它花色金黄亮丽，花期很长，不易凋谢，被作为庭园观赏植物引进中国，推广后常作为插花中的配花，后来逸生成恶性杂草。目前除了青海、西藏和内蒙古以外，其他省区多已发现它的踪迹。

加拿大一枝黄花（图 4-2）主要生长在河滩、荒地、公路两旁、农田边、农村住宅四周，植株高 1.5～3 m。它是多年生草本植物，可以通过种子繁殖，平均每株可形成 10 万多粒种子。种子能通过

风力、鸟类等多种途径传播。加
拿大一枝黄花的根系发达，其地
下根状茎有很强的无性繁殖能力，
极易连成大片。它适应性强，生
长迅速，与其他植物争夺阳光、
水分、肥料和空间，直至其他植
物死亡，从而对生物多样性构成
严重威胁。在野外，第一年如果
只有几株，第二年就会连成片，
第三年其他植物就难觅踪迹了，

图 4-2　加拿大一枝黄花

可谓是黄花过处寸草不生，所以它们被称为生态杀手、霸王花。

　　目前，加拿大一枝黄花已对我国部分地区的生态环境造成严
重危害，并对农业生产构成了威胁。无论是大豆、玉米、棉花等
旱地作物，还是水稻、茭白等水田作物，加拿大一枝黄花都能迅
速占领农作物的生存空间并导致其减产甚至绝收。在城市中的绿
化带里，也常见到加拿大一枝黄花的踪迹。上海的一些绿化带因
为它的侵害出现过其他植物成片死亡的现象。所以加拿大一枝黄
花是一种害草。

　　加拿大一枝黄花能向环境中释放出挥发性的萜类化合物，对
其他植物的生长起抑制作用。实验表明，用加拿大一枝黄花的水
浸液处理萝卜和生菜种子，能明显降低种子的萌发率。这种水浸
液对萝卜和生菜的植株生长也有明显的抑制作用。

　　对加拿大一枝黄花目前还没有找到合适的治理办法，现在多
采用焚烧和药剂防治的办法，但这两种办法都会造成新的环境污
染。农业工作者也在积极研究它在其他方面的用途，希望将来使

它变废为宝。

不过需要指出的是，并不是所有的外来物种都是有害的。中国现在种植的农作物中，大约有50种是从国外引进的外来物种，比如玉米、洋葱、辣椒、甘薯、马铃薯、番茄、向日葵、花生等都是从异域引进的。所以，说不定哪天我们也能把加拿大一枝黄花培育成一种新的经济作物呢。

三、紫茎泽兰

你知道吗？ 紫茎泽兰原产于美洲热带地区，属于多年生草本或亚灌木植物，株高为 $1\sim2.5\,\mathrm{m}$。它的茎呈紫色，表面覆盖着短绒毛；叶对生，叶形为卵状三角形，叶缘有粗锯齿；头状花絮，直径约 $6\,\mathrm{mm}$，小花白色。现在广泛分布在全球热带、亚热带地区。

紫茎泽兰最早于 1935 年在云南南部发现，可能是由缅甸传入我国的。紫茎泽兰的繁殖能力极强。它可以进行营养生殖，其茎节和节间都能生根，每个节的叶腋都能长出新的枝条，进而形成一棵新的植株。紫茎泽兰也可以通过种子繁殖，每株每年可以产生种子 1 万粒左右。紫茎泽兰还特别能适应环境，无论是肥沃的农田，还是旷野荒滩，甚至是崖壁石缝等贫瘠的地方，紫茎泽兰都能迅速生长，将其他植物排挤出去，最后形成单种优势群落。现已在云南、贵州、四川、广西、重庆、湖北、西藏等省区广泛分布，分布面积已超过 $1.4\times10^{7}\,\mathrm{hm^2}$。

紫茎泽兰与农作物或其他植物争夺阳光、矿物质和水分，所到之处最后只剩它一种植物。而且紫茎泽兰含有毒素，牛羊误食后会中毒。所以它是危害严重的外来物种之一。

研究发现，可以用生物防治的办法控制紫茎泽兰。泽兰实蝇可以将卵产在紫茎泽兰的幼茎里引起虫瘿，野外寄生率超过50%，能明显抑制紫茎泽兰的生长和繁殖。种植臂形草、红三叶草、狗牙根等与紫茎泽兰竞争，也有一定的控制作用。不过，这些措施并不能从根本上控制它，我国很多地区依然漫山遍野都是紫茎泽兰。

现在，人们不但在积极控制紫茎泽兰的蔓延，还在积极寻找它的利用价值。有人将它的茎叶发酵后作为饲料，还可以将它的茎秆推入沼气池发酵，产生沼气作为生活能源，利用紫茎泽兰还可以提取香精、染料、木糖醇等。此外，紫茎泽兰还有一定的药用价值，可以治疗一些疾病。

四、薇甘菊

你知道吗？ 薇甘菊属于菊科假泽兰属植物，原产中美洲，是多年生草质藤本植物，世界十大重要害草之一。

薇甘菊的茎细长，有棱，呈匍匐或攀缘生长，有很多分支。薇甘菊叶对生，呈三角状卵形，边缘有数个粗齿或浅波状圆锯齿。薇甘菊的花特别繁茂，种子细小，有冠毛，能随风飘散到很远。

薇甘菊生长迅速，遇草覆盖遇树攀缘并会迅速形成覆盖之势，使植物在光合作用受影响及物理重压等不利条件下生长不良直至死亡。薇甘菊还能往环境中释放抑制其他植物生长的化学物质，对那些不超过8 m的风景林木和一些稀疏的次生林危害特别严重。人们称薇甘菊为"植物杀手"。

在薇甘菊的原产地中美洲，有超过160种的昆虫和菌类作为天敌控制它的生长繁殖，使它难以危害其他植物。田野菟丝子寄生在薇甘菊的嫩枝、嫩叶、嫩茎上面，汲取薇甘菊的营养供它自己生长。最后的结果是树林里有少量的薇甘菊存在，也有少量的田野菟丝子存在，但对森林构不成危害。幌伞枫也可以有效抑制薇甘菊蔓延。在薇甘菊入侵的地区，没有它的天敌，当地植物又竞争不过它，才出现了薇甘菊泛滥成灾的现象。

五、空心莲子草

你知道吗？ 空心莲子草属于双子叶植物纲苋科，又名喜旱莲子草、水花生、革命草等。空心莲子草于 1930 年传入我国，生长在池沼和水沟里，在海拔 50～2 700 m 的广大地区的水域里都有分布。目前发现空心莲子草的地区有北京、天津、河南、湖北、江西、贵州、四川等地，而且还在呈蔓延趋势。

空心莲子草是水生植物，成簇生长或连成一片像草垫一样漂浮在水面上。它的茎下部蔓生匍匐在水中，上部直立于水面，茎光滑而中空。空心莲子草结构原始，只具有初生构造。叶有短柄，对生，呈长椭圆形或倒卵状披针形，长约 5 cm，宽约 2 cm。河塘中的空心莲子草可以封闭水面，影响鱼虾生长，河道里的空心莲子草还会影响通航。

空心莲子草也可陆生，在农田里（包括水田和旱田）也可以发现它。在陆地生长的空心莲子草会长出宿根，并可以通过宿根越冬。此外，在它的茎节上也可以长出根来形成新个体，所以它繁殖蔓延的速度非常快。农田里的空心莲子草会和庄稼争夺阳光、水肥和空间，导致庄稼减产。农田沟渠里的空心莲子草会影响农田排灌。

目前，对付空心莲子草主要靠人工：可以实行水旱轮作抑制它的生长；在种群密度较小的地区可以手工拔除，也可以深挖 1 m，清理干净它的宿根，然后将宿根晒干并焚烧。这些办法可以让空心莲子草绝迹。在水域里的空心莲子草也可以人工打捞，但如果将打捞上来的空心莲子草随意丢弃就可能会造成异地蔓延。现在对付大面积危害的空心莲子草主要靠除草剂，但这会造成新的环境污染。

当然，空心莲子草也不是一点用处都没有。它是一味中药，有一定的药用价值。

六、豚　草

你知道吗？ 豚草又名破布艾叶草、美洲艾，是菊科豚草属植物。豚草自 1930 年左右传入我国东北以来，已经散布到我国东北、华北 19 个省市自治区。豚草是一种世界性毒草，亚洲、欧洲、美洲、大洋洲都有分布。

豚草为一年生草本植物，株高 20～250 cm。茎直立，有棱角，多分枝，茎绿色或略暗紫，披白毛。叶片呈三角形，1～3 回羽状深裂。1～5 节的叶片对生，上部叶片互生。豚草雌雄同株，单性花，总状花序。倒卵形瘦果，包在坚硬的总苞内。

豚草生长旺盛，代谢能力强，消耗的水分为一般农作物的2倍以上，对氮磷等无机营养的消耗也非常大，所以它的存在会让土地干旱贫瘠。此外，它生长迅速，遮挡阳光，严重影响农作物的生长。在草原上，豚草不但影响牧草的生长，被奶牛吃了以后还会使牛奶带有异味，品质变差。所以豚草在农牧地区是令人生厌的害草。

豚草再生能力极强。茎、节、根等部位都能长出不定根，一棵豚草很快就能形成一簇，进而蔓延成一片。铲除、切割之后掉落到地上的根、枝条可以迅速生根形成新的植株，而且种子萌发的时间迁延漫长，从3月中旬一直持续到10月下旬，呈交错重叠的态势。这种生长特点给除草带来了困难，也使它能危害不同季节的庄稼。

豚草的花粉还是人体的主要变应原（一般也叫过敏原）之一。它可引起皮肤过敏反应，使人患过敏性皮炎，也可以引起呼吸道过敏反应，表现为眼、耳、鼻发痒，流鼻涕，阵发性喷嚏，个别人有胸闷、咳嗽、呼吸困难的症状。如果不及时治疗可导致肺气肿、肺心病等疾病，甚至能导致死亡。

豚草的果实很小，常混杂在各种常见的作物种子中，特别是玉米、大豆以及各种谷类作物里，通过粮食调运传播到世界各地。所以豚草是国际检验杂草，公害杂草。

目前，豚草主要靠除草剂进行化学防治。这种方法虽然见效很快，但使用除草剂造成的化学残留和其他植被退化等问题越来越突出。

目前，也常从北美引进豚草条纹叶甲进行生物防治。这种甲虫只吃普通豚草和多年生豚草，而且生活史与豚草同步，是一种比较有效的办法。还有一种名叫白锈菌的真菌能让豚草的生物量减少1/10左右，种子产量降低95％左右，也是一种比较有效的办法。

我国已经成立了沈阳、北京、天津、上海、武汉五个豚草繁殖研究中心，希望不久的将来这种毒草能得到有效遏制。

七、毒 麦

你知道吗？ 在麦田里，常常可以看到一种和麦子非常相似的拟态型杂草——毒麦。毒麦又名小尾巴麦、闹心麦。毒麦原产欧洲，盛产于叙利亚和巴勒斯坦一带。我国最早在从保加利亚进口的小麦里发现毒麦，现在大部分省区都已发现它的踪迹，已成为麦田里常见的杂草。那么，毒麦有毒的原因是什么呢？

毒麦是禾本科一年生或越年生草本植物。麦秆直立，疏丛生，茎秆光滑坚硬，不易倒伏。叶鞘长在节间，比较松弛。毒麦可以长到 1 m 左右，比正常麦子矮 10 cm 左右。毒麦比小麦出苗晚 6 天左右，但生长迅速，分蘖能力强，会很快占据麦田空间导致周围的小麦生长不良。此外，毒麦还能向周围环境里释放毒素，抑制麦苗的生长。研究表明，毒麦混株率 0.1％时，小麦减产 1％～2％；混株率为 5％时，小麦减产 20％～26％。小麦单株平均结籽 28.13 粒，毒麦单株平均结籽 62.6 粒，所以毒麦的繁殖能力更强。在收获小麦的时候，毒麦种子会混进麦粒，很难清除。

毒麦的颖果内种皮与淀粉层之间寄生有真菌，这种真菌能产生一种毒素——毒麦碱。人和动物吃了毒麦碱后会中毒，轻者呕吐、痉挛、头晕、昏迷，重者会因中枢神经麻痹而死亡。如果在收获前遇到多雨潮湿天气，这种真菌的数量会更多，毒麦的毒性也更强。研究表明，面粉里如果含有超过 4％的毒麦，就会使人出现中毒症状。

目前，对于毒麦发生量较小的麦田，多采用人工拔除的办法清除。对于毒麦发生量大的麦田，多用化学药剂进行防治。

八、假高粱

你知道吗？ 假高粱也称阿拉伯高粱，是禾本科高粱属的植物，是世界十大恶性杂草（其他的有紫茎泽兰、水葫芦、薇甘菊、空心莲子草、豚草、毒麦、互花米草、飞机草、布袋莲）之一。

假高粱原产于地中海地区，现在已成为很多国家农作物田里的主要农田杂草。在智利的苜蓿地、希腊的甜菜地、南斯拉夫的小麦地里，它都是难以根除的杂草。其他地区的高粱地、花生地、大豆地、稻田地、果园、茶园里都能找到它的踪迹。我国北起吉林南至广西的广大地区都能见到假高粱。

假高粱是多年生草本植物，直立的茎秆可高达 2 m，地下有匍匐根状茎。它的繁殖能力强，可以通过种子繁殖，也可以通过地下根状茎繁殖。它生长在农田里，与农作物争夺营养和空间，释放毒素抑制农作物生长，还能携带高粱属作物的很多害虫，最终导致农作物严重减产。据国外文献报道，假高粱能使甘蔗减产 25%～50%，能使玉米减产 12%～33%，能使大豆减产 40%～60%。假高粱的花粉还能与高粱属作物杂交，使留种作物品质变差，使来年种植的作物减产。

假高粱的种子可直接落在地里，也可以随着水流传播，还可以混杂在农作物的种子里传播；它的地下根状茎也可以通过无性繁殖迅速扩大种群数量；所以假高粱极容易泛滥成灾。所幸我国目前发现假高粱的地区虽然很多，但尚未造成严重危害。

目前，要防治假高粱，首先要加强植物检疫，防止它的种子随商品粮扩散。对于已发现的少量个体，要结合中耕除草消灭，再利用秋翻挖出地下根状茎集中销毁。对于要留种的粮食，要用扇车、选种机等工具剔除其种子。

九、外来物种的防治策略

你知道吗？ 我们今天种植的很多农作物也是外来物种。例如，玉米原产于中南美洲，是古代印第安人培育的；辣椒原产于墨西哥，在明朝末年传入我国；西红柿又叫番茄，西、番都是外来的意思，它原产于南美洲，后来被西方探险者带到欧洲，辗转传到我国。

前面我们介绍了几种常见的外来物种。那么，我们应该怎样控制这些外来物种呢？概括地说，有以下四种方法可供借鉴。

1. 以虫治草

澳大利亚原本没有仙人掌。1800 年有人将仙人掌作为观赏植物引种到这里。到 1920 年的时候，仙人掌已经在草场上肆意蔓延，约有一半的草场已经因为仙人掌失去了利用价值，而仙人掌还在以极快的速度传播蔓延。1920 年，澳大利亚派遣一名昆虫学家到美洲寻找仙人掌的天敌。他一共找到 140 种昆虫，其中 50 种被送往澳大利亚研究饲养，其中仙人掌螟蛾对仙人掌的控制最为有效。于是科学家在 1925 年到阿根廷搜集仙人掌螟蛾的幼虫和虫卵，1926 年将它们的后代释放到草场上。5 年之后，投放区的仙人掌已经寥寥无几。之后仙人掌螟蛾的数量下降，仙人掌数量又恢复一些，仙人掌螟蛾的数量再上升。在这种动态平衡中，仙人掌的数量得到了很好的控制。到 1935 年，澳大利亚的仙人掌已成为草原上零星点缀的一种植物，已经对畜牧业没有什么影响了。

2. 以菌治草

菟丝子（图 4-3）是大豆的寄生植物，它们会导致大豆严重减产。科研工作者研究出对付菟丝子的真菌剂"鲁保 1 号"。这种真菌剂可以非常有效地消灭菟丝子。

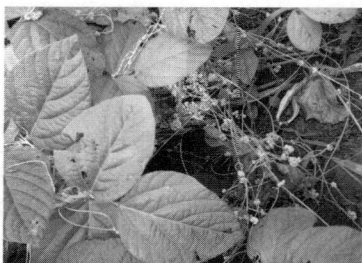

澳大利亚和美国利用从欧洲引进的一种锈菌控制麦田中的恶性杂草——灯芯草粉苞苣，也收到了良好的效果。这种锈菌可以侵染危害灯芯草粉苞苣的花和果实，使这种草结实率降低，种子活力下降，从而使其逐渐消亡。

图 4-3 菟丝子

3. 以草食动物治草

一些草食性鱼类在一天的 24 小时里可以吃下相当于自身体重的杂草。胖头鱼就可以控制池塘中的喜旱莲子菜、满江红、金鱼藻、水马齿等多种水草。草鱼可以防治飘拂草、蜈蚣草、黑藻、水甜茅、眼子菜等。所以我们可以利用鱼、蟹类的偏食性在稻田里放养鱼、蟹类，防治稻田杂草。鹅喜欢禾本科杂草，我们可以用它防治草莓和棉花田里的狗尾草、稗草等禾本科杂草。在松、柏等针叶林里，我们可以放牧牛羊，控制草本植物，以利于乔木的生长。

4. 通过农作物轮种防治杂草

明代的邝璠在他的著作《便民图纂》中曾写道："凡开垦荒田，

须烧去野草，犁过，先种芝麻一年，使草木之根败烂，后种五谷，则无荒草之害。"现在，湖南等地的农民仍然采用点种芝麻的办法防治蔓延到农田里的野毛竹。农业工作者还发现，在白茅发生地，翻耕之后再种一茬小麦，白茅就会基本消失。

第五章 常见农作物及育种

一、小 麦

你知道吗？ 俗话说"南吃米，北吃面"，北方人喜欢用白面制成面条、馒头、饺子等各种美食。白面是将普通小麦的种子去皮以后研磨而成的。

那么，小麦是怎样培育出来的呢？人们是从什么时候开始种植小麦的？小麦是我国人民培育的农作物吗？

1. 小麦的起源

日本遗传学家木原均通过多年的研究发现，普通小麦起源于西亚。在那里，今天仍然可以找到普通小麦的野生近亲一粒小麦、二粒小麦、节节麦。

普通小麦的祖先是一粒小麦（2n＝14），通过名字我们就知道它的产量有多大了。然而，普通小麦却不是由一粒小麦直接进化来的。

几万年前，在偶然的情况下一粒小麦（2n＝14，代号 AA）和另一个物种拟斯卑尔脱山羊草（2n＝14，代号 BB）通过属间杂交，得到了杂交种（2n＝14，代号 AB）。但由于是属间杂交，杂交后代是高度不育的，杂交的成果会随着杂交后代的死亡而消失。所以在绝大多数情况下，这种杂交是没有结果的。但在极偶然的情况下，杂交后代的幼苗在遇到低温侵害时，它的细胞刚好完成了染色体的复制，而又不能及时分裂成两个子细胞，于是这些已经复制的染色体就都存在于一个细胞里了。这就使杂交种体内的染色体加倍，成为异源多倍体（4n＝28，代号 AABB）。异源多倍体的染色体是成对的，于是它就成为可育的新品种，这就是二粒小麦（4n＝28，代号 AABB）。

又过了不知多少年，二粒小麦又和节节麦（2n＝14，代号 DD）杂交，得到杂交种（3n＝21，代号 ABD）。某些杂交种又在极偶然的情况下通过染色体自然加倍，形成六倍体的普通小麦（6n＝42，代号 AABBDD）。

后来，普通小麦又经过长期的人工种植和精心培育，不仅产量大大提高，品质也有了根本的改善。

2. 小麦的栽培

现在我们种植的小麦有很多种。按种植季节来分，可以分为冬小麦和春小麦；按小麦皮色来分，可以分为白小麦和红小麦；按小麦质地来分，可以分为软质麦和硬质麦等。在我国，小麦是仅次于水稻的第二大粮食作物，全国各个省区都有小麦种植。

我们都知道小麦现在的吃法，就是先磨成面，再制作成各种面食。你可能不知道的是，古人不是这样吃的。由于加工技术的落后，古人将小麦去掉外面的颖壳之后，再按小米的蒸煮方法加工成"麦饭"或"麦粥"食用，即所谓"磨麦合皮而炊之"。至今我国陕西等地还保留着这种吃法。由于用整粒的小麦制作麦饭费工费火，而且口感粗粝，不易消化，人们经常将小麦磨碎再制成麦饭。《三国演义》中就有曹操让士兵多带麦饭的记载。在汉墓的画像砖上就有了石磨、面粉加工图，表明当时的贵族已经用石磨、石碾将小麦磨成面粉，加工成馒头、面条等面食。之后，人们对小麦的加工技术逐渐提高，到唐朝时就有了水力驱动的水磨、水碾，表明面食已经在民间普及。从此，面条、馒头、饺子、包子等面食逐渐成为我国北方人民的主食。

3. 小麦的疾病与育种

小麦经过数千年的人工选择和栽培，如同温室里的花朵，抗病的基因逐渐丧失。比如，常见的小麦锈病在其野生祖先身上就不会发生。

小麦感染锈病以后，叶片枯萎，种子瘦小，出面率明显降低。所以小麦一旦感染锈病，就会造成很大损失，甚至绝收。1950 年，小麦条锈病在我国流行，小麦减产 60×10^8 kg。以后又多次流行，比如：1964 年，减产 32×10^8 kg；1990 年，减产 25×10^8 kg；最近的一次是在 2002 年，也减产了 14×10^8 kg。

让科学家感到束手无策的是，锈病病菌变异的速度非常快。据统计，条锈病病菌平均每隔 5.5 年就能产生一个新的变种，而小麦育种的速度很慢，平均 8 年才能培育成一个小麦新品种。这样一来，培育新品种的速度赶不上锈病病菌变异的速度，往往在新品种刚一面世就已过时。所以，研究出长期有效的抗锈病小麦，是一个世界性难题。

最初科学家让不同品种的小麦进行杂交，期望获得高产抗病的新品种，但长期的育种实践证明，这种办法收效不大。因为现在我们种植的小麦都是一个物种的不同品种，遗传差异不大，病虫害的情况也差不多。实践证明，在一定范围内，杂交的两个亲本的遗传差距越大，获得的杂合体杂种优势越显著。在这种情况下，科学家将目光投向了小麦的一位野生近亲——偃麦草。

长穗偃麦草是一种优良的牧草，属于禾本科偃麦草属植物，小麦是禾本科小麦属植物。它们虽有很多相似性，但属于不同的属，亲缘关系比较远。偃麦草是野生牧草，具有非常好的抗病性。科学家想让偃麦草与小麦杂交，把偃麦草的抗病基因转移给小麦。

简单点说，科学家的想法就是让偃麦草和小麦进行特殊的"婚配"，让小麦的后代获得偃麦草的抗病基因。其实就是让小麦作母本，让偃麦草作父本进行属间杂交。因为二者的亲缘关系较远，就像马和驴杂交的后代骡子没有生育能力一样，所以让小麦的后代获得偃麦草的抗病基因，难度非常大。

杂交育种实际上还是利用有性生殖，而有性生殖的后代具有更大的变异性。所以小麦和偃麦草的杂交后代可能抗病但小麦产量很低，甚至可能得到既不抗病又不高产的小麦。因此育种工作者需要进行很多个杂交组合，再从它们的众多类型的后代中选择出既抗病又高产的类型。经过近 20 年的艰苦努力，科学家终于将偃麦草的抗病基因成功地转移到小麦体内，先后培育成了小偃麦 8 倍体、异代换系、异附加系和异位系等杂种新类型。到 1988 年，小偃麦累计推广面积达 5 400 万亩，累计增产小麦 16×10^8 kg。

在这些年的科研过程中，科学家还初步建立了小麦染色体工程育种新体系，对以后开展小麦新品种培育奠定了良好的科学基础。由于小麦进行属间杂交后科学家很难选出既抗病又高产的类型，科学家又用植物体细胞杂交技术培育新品种。例如，小偃麦新品种的培育可以这样做：取一个小麦的体细胞和一个偃麦草的体细胞，用纤维素酶处理去掉细胞壁之后进行融合，使这两个细胞融合成一个杂种细胞。由于这个杂种细胞兼有小麦和偃麦草的全套基因，因而它是可育的类型，再观察它的小麦产量，如果确实高产就可以推广了。

由于小偃麦的抗病性强、产量高、品质好，在黄淮流域冬麦区广泛种植，于是农村流传开了这样一句话："要吃面，种小偃。"

二、我国栽培水稻的历史

你知道吗？ 现在人工栽培的水稻起源于哪里呢？据考证，亚洲和非洲都有水稻栽培的古老历史。考古学家在非洲的尼日利亚，发现了距今 3 500 多年的稻谷遗迹，说明至少在 3 500 年前古尼日利亚人就已经开始种植水稻了。在印度和中国，也发现了古人类栽培水稻的遗存。考虑到古代交通不便，考古学家认为非洲和亚洲都是水稻的发源地，两个地区的古人类不约而同地培育出了这种农作物。

水稻（图 5-1）是中国最重要的粮食作物，其栽培历史也非常悠久。1974 年，考古工作者在浙江余姚河姆渡新石器时代遗址发掘出大量的稻谷、稻壳和稻叶。稻壳、稻叶不失原形，有的稻叶色泽如新，有的稻壳上连稻毛也

图 5-1　水稻

清晰可辨。经鉴定，这些稻谷已有 6 700～6 900 年的历史，是世

界上发现的最早的稻谷。

从文献记载看，我国栽培水稻的历史也非常悠久。在《管子》《陆贾新语》等古籍中，均有约在公元前2700年的神农时代播种"五谷"的记载。

稻被列为五谷之一。《史记》关于"禹令益予众庶稻，可种卑湿"的记载，表明公元前2100年，中国人民就已经治理河道，兴修水利，利用湿地种植水稻。

在公元前2200年左右，水稻栽培已从长江中下游推进到黄河中游。到了战国时代，由于铁制农具和犁的应用，农业向精耕细作的方向发展，同时开始兴修大型水利工程。在西汉时期，四川首先出现了梯田，这也是精耕细作的标志。

北魏贾思勰的《齐民要术》曾专述了水稻、旱稻栽培技术。晋代的《广志》中有发展绿肥，增加有机肥源的记载。

魏晋南北朝以后，中国经济重心逐渐南移。唐宋六百多年间，江南成为全国水稻生产中心地区，有"两广熟，天下足"的说法。

中国稻种资源丰富，明末清初《直省志书》中记载，当时已有水稻品种3 400多个。当时人们在育秧、水肥管理等方面都有了非常成熟的经验。

1949年以来，在过去精耕细作的基础上，运用现代农业科学技术，水稻育种、栽培等技术获得了很大发展。到1984年，全国水稻栽插面积约达3.3×10^7 hm^2，稻谷总产量约达1.8×10^8 t。

三、杂交水稻的培育

你知道吗？ 袁隆平先生是当代家喻户晓的著名科学家，他用一粒种子改变了世界。我们很多人只看到了他头顶上的光环，却很少有人注意到他背后的艰辛。通过下面的故事你会发现，袁隆平的成功不是偶然的，他付出的劳动是常人无法想象的，他今天取得的成就是长期艰苦努力的结果。通过袁隆平的事迹，我们还可以发现兴趣是最好的老师。知之者不如好之者，好之者不如乐之者。袁隆平常年在农田里风吹日晒却从不感到辛苦，在研究道路上历经重重坎坷却始终无怨无悔，是因为他在做自己喜欢做的事情。

　　1960 年 7 月，袁隆平在早稻试验田里，发现了一株与众不同的水稻变异植株。第二年他把收获的种子种下去，结果长出的水稻，高的高，矮的矮。这让袁隆平大失所望，难道自己费尽心思找到的变异水稻是个废物？这让他辗转反侧，夜不能寐。"失望之余，我突然来了灵感：如果它是纯种的话，它就不会出现性状分离，我推测它是一个天然杂交稻。"他立刻意识到这是一个历史性的发现。他小心翼翼地把这棵水稻移栽到自己的花盆里。第二年春天，他把这株变异株的种子播到试验田里继续观察，结果证明了上年发现的那个"鹤立鸡群"的稻株，是地地道道的"天然杂交稻"。他想：既然自然界客观存在着"天然杂交稻"，那就说明水稻可以在自然状态下实现品种间的杂交，那么人工培育杂交稻就不是天方夜谭。这样，袁隆平从实践及推理中突破了水稻为自花传粉植物而无杂种优势的传统观念的束缚。

　　可是，水稻不同于玉米，要实现不同品种的水稻之间的杂交是非常困难的。水稻的花非常小，在一个稻穗上，有几十个到上百个雌花和雄花并存（图 5-2），要让不同品种的水稻进行杂交，首

先就要避免它自花授粉（自交），如
果采用玉米那样的人工去掉雄蕊再
人工授粉的方法，在操作上的难度
是非常大的。更难的是，水稻花中
的雌蕊，只在很短的时间内接受花
粉。除了人工去雄以外，另一个选
择是喷洒药物杀雄，存在的问题有

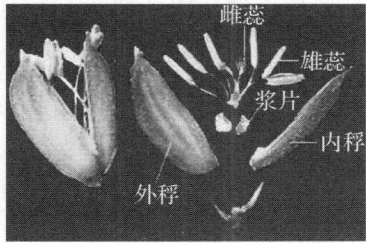

图 5-2　水稻花的构造

药物的效率低、喷洒时间难掌握等。

　　如果是小规模的实验，处理一两个稻穗，用人工方法是完全
可以的。但要在农村大面积推广，就要求育种环节简单易行，这
样才能让农民学会，而且必须节省劳力，否则就会增加制种成本，
最终没有推广价值。那么，怎样才能在不花费较多人工的前提下
让不同品种的水稻进行杂交呢？这成了袁隆平每天都放不下的
问题。

　　他开始搜集和这个问题有关的资料。这时他自费订阅的外文
资料派上了用场。他了解到，在植物群体中存在个别不育的个体。
有的是雌蕊不正常，有的是雄蕊不正常。这让他灵光一闪：如果
找到雄性不育的水稻，将雄性不育系作为母本，和雄性可育的父
本在大田中间隔种植，不就省去了人工去雄的烦琐了吗？这样就
可以大面积进行水稻杂交种的培育了。

　　1964 年 7 月，袁隆平在经历了千辛万苦的寻找和无数次的失
败之后，终于在大田中发现了第 1 棵天然雄性不育株。在随后的
两年时间里，他和助手们在稻田里一共找到了 6 株天然雄性不育
株。他根据所积累的科学数据，结合自己的研究设想写成一篇论
文，这就是 1966 年在《科学通报》上发表的《水稻的雄性不孕性》。

这是国内第一次论述水稻雄性不孕性的论文。这篇论文不仅详尽叙述了水稻雄性不孕株的特点，而且将当时发现的雄性不育株区分为无花粉、花粉败育和部分雄性不育 3 种类型。这在这篇论文里，袁隆平提出了培育杂交水稻的三系配套战略设想，并描绘出培育杂交水稻的光辉前景。正是这篇论文，使他的工作受到了国家领导的重视，奠定了他在杂交水稻学界的最初地位。

开展杂交水稻的研究以后，袁隆平和助手进行了很多组水稻的杂交实验。他们用籼稻不育型与籼稻杂交，粳稻不育型与粳稻杂交，籼稻不育型与粳稻杂交，3 种可能的组合都实验过了，做了 3 000 多个组合，仍然没有培育出不育株率和不育度都达到 100％的不育系来。实验可以说是全都失败了。现实是无情的，4 年的时光如流水一样过去了，夜以继日的辛劳并没有获得与之相应的回报。

在当时的育种学界有一种理论认为，由于自花授粉植物是大自然经过长时间的自然选择与进化形成的，它们的内在结构包括基因已经与自花授粉活动高度一致。所以对自花授粉植物来说，要么杂交很困难，要么杂交没有优势，抑或是杂交优势不能保持。换句话说，袁隆平等人让原本自花授粉的水稻进行人为杂交是不会有什么成果的。

但这些并没有让袁隆平退缩。他发现，他所获得的杂交水稻，并不是没有杂交优势，只是优势不显著。这是由于控制水稻的籽粒大小、营养物质含量的基因有很多对，属于遗传学上讲的数量性状。要使这么多对基因同时变成高产组合，成功的概率本来就是非常低的。

理论上讲，在一定范围内两个杂交亲本的亲缘关系越远，杂种后代的杂交优势越大。人类栽培水稻的历史非常悠久，现在的栽培稻和现在的野生稻已经有了非常大的差别，如果让它们进行杂交，杂种后代的优势应该会更加明显。袁隆平和助手们决定找到野生稻的雄性不育株，让它与栽培稻杂交。但又一个难题摆在了眼前：哪里有野生稻？找到了野生稻就能找到雄性不育株吗？

苍天不负有心人。1970 年 11 月，袁隆平的助手李必湖等人在海南发现了三个雄花异常的野生稻穗。他们把这蔸不育型的野生稻连泥挖起，搬到实验田里栽好。袁隆平将它命名为"野败"。经过籼稻品种广矮 3784 与"野败"杂交，当年只收获了 3 粒种子。可以说，这 3 粒种子比金子还珍贵。后来，他们又采用无性分蘖繁殖的方法，发展到 46 株。这就是后来轰动世界的三系法杂交水稻的祖先之一——不育系。

"野败"的发现和转育成功，结束了杂交水稻研究长期徘徊不前的局面。

为了加快杂交水稻的研究，1971 年春，中国农业部把杂交水稻列入重大科研项目，并把不育系种子分送南方 10 省市 20 多个科研单位进行研究，组织科研攻关。他们先后使用上千个品种，做了上万个杂交组合，与"野败"进行回交转育。

1972 年，江西萍乡市农业科学研究所颜龙安等人育成了第一批水稻雄性不育系和保持系，初步解决了这个难题。

但是仅有不育系和保持系是不够的，还需要代表另一品种的恢复系。恢复系是一种正常的水稻品种，它的特殊功能是用其花粉授给不育系后，所产生的杂交种雄性恢复正常，能自交结实，如果该杂交种有优势的话，就可用于生产。为了寻找恢复系，人们选用了国内外 1 000 多个品种进行测交和筛选，找到了 100 多个有恢复能力的品种。张先程等先后在东南亚品种里找到了一批优势强、花药发达、花粉量大、恢复率在 90% 以上的恢复系。至此，"三系"终于配套成功了！1973 年 10 月，在苏州召开的全国水稻科研会议上，袁隆平发表了《利用"野败"选育"三系"的进展》一文，正式宣告中国籼型杂交水稻"三系"配套成功。

"杂种优势"是指杂交子代在生长活力、育性和种子产量等方面都优于双亲均值的现象。比如让黄粒玉米和白粒玉米间行种植，它们杂交产生的籽粒会更大更饱满，总产量比单独分片种植要高。这在今天已是公认的规律。杂种优势的原理能不能用到杂交水稻上呢？这是袁隆平和他的协作者们必须回答的问题。

1972 年秋，袁隆平的助手罗孝和用国内"南广占"核不育材料与"日本占"杂交，培育出了"三超杂交稻"，预计其产量会超过父本、母本和对照品种。结果，这些杂种秧苗长势十分旺盛，引起了全国水稻研究专家的高度关注。可是收获时，发现稻谷产量和对照组"湘矮早 4 号"持平，稻草的产量却增加一倍。

袁隆平仔细分析了这个杂交实验，发现杂种一代的植株高度、叶片长度、分蘖能力都超过父本、母本和"湘矮早 4 号"，确实实现了"三超"，也就是说，杂种子一代是具有杂种优势的，这是确定无疑的。至于这种优势没有体现在稻谷上，这说明我们的实验方案还需要改进，不是说我们的实验彻底失败了，相反，这个实验有力地证明了杂交稻是存在杂种优势的，具有非凡的里程碑意义。

这个观点提出以后，受到全国育种专家的广泛认可与支持，也消除了杂交水稻科研人员的顾虑。他们以更加饱满的热情投入到这项伟大的事业中来。此后，杂交水稻的研究势如破竹，几年的时间就取得了世界瞩目的成就。

1974 年 5 月，湖南省农业科学院对袁隆平主持选育的"南优 2 号"等优势组合进行组合比较试验，结果显示："南优 2 号"比父本、母本增产 16.43％～107.94％，小区域亩产高达 675.83 kg。次年，该组合在湖南进行全省试种，产量名列第一。"南优 2 号"等一批杂交稻强优组合诞生，使杂交水稻的优势一下子显现出来，这项先进的技术也迅速撒播全国。

至此，关于杂交水稻有没有杂种优势的理论之争，被袁隆平和他的助手们用事实平息了，也从这个时候起，反对培育杂交水稻的声音才彻底消失了。

三系配套方法培育杂交水稻的方案成功了，袁隆平也一夜之间成为名人。可是还有很多棘手的问题没有解决，大面积推广杂交稻还不现实。因为，在当时的制种试验田里，每亩只能收获 5.5 kg 杂交稻种子，这点种子能种多少地呢？得卖多贵才能不亏本呢？农民买了这么贵的种子，每亩地得产出多少稻谷才能有盈余呢？这是个谁都会算的成本账。

所以这时有人认为，由于水稻是自花授粉作物，花粉的产生量本来就很少，花粉的寿命很短，雌蕊的柱头很小，多数不外露，每日的开花时间很短，这一系列特征是它上万年进化的结果，是与自花授粉相适应的，是不利于异花授粉的。这些特征注定了杂交水稻过不了制种高产关，也就无法大面积推广。袁隆平等人经过研究发现：水稻的稻花结构确实有不利于异花授粉的一面，但水稻至今还保留有其祖先风媒传粉的一些特征，这也是有利于杂交的一面。水稻是开颖授粉的植物，花粉轻、小而光滑，开花时几乎全部散出，借助风力可以传播 40 m 左右，这些特征正是可以用来攻克制种低产的绝妙武器。另外，就单个花药和稻穗来看，水稻的花粉确实比玉米和高粱少，但水稻的总花颖多，就单位面积产生和分布的花粉数量来看，三者之间的差异并不大。根据实地调查测定的结果来看，"南优2号"父本平均每个花药有600粒的花粉，按制种田每亩产父本150 kg计算，每亩有花粉300亿个，以10天的散粉时间计算，每天每平方厘米的花粉密度达500粒左右，完全可以满足母本柱头受精的需求。

1975年，湖南省协作组的制种田达到了每亩29 kg的产量，其中的高产丘突破了50 kg大关。1975年冬天，有的制种队突破了亩产150 kg大关。

袁隆平及时进行经验总结，写出了重要论文《杂交水稻制种与高产的关键技术》，来指导全国的杂交水稻制种。杂交水稻育种技术还成为中国向美国出口的第一个农业专利，为世界粮食增产做出了重大贡献。

由于突破了制种低产关，杂交水稻开始在全国大面积推广。此后，杂交水稻的推广就可以用一帆风顺来形容了。但袁隆平知道，中国现行杂交水稻制种技术是劳力密集型技术，整个制种过程需靠大量人力操作，这样也就间接地提高了制种成本。因此，怎样把众多的劳力从烦琐的制种工作中解放出来，怎样降低杂交水稻的制种成本，提高农民主动自愿制种的积极性，仍然是袁隆平等水稻育种专家们急切关心的问题。他明白，只有制种成本降低之后，种子的售价才能降低；种子的售价降低了，也就减轻了农民的种地成本，等于提高了农民的实际收入。

1986年10月，在长沙举办的世界首届杂交水稻国际学术研讨会上，袁隆平提出了杂交水稻育种发展方向的战略性思路：从三系法至两系法再到一系法，程序由繁到简，效率由低到高；杂种优势由品种间到亚种间，再到物种间，最后到属间，优势将越来越强。由于袁隆平提出的方案具有非常重大的经济意义，1987 年国家将两系法杂交水稻育种研究列入国家高技术研究发展计划（863 计划）攻关项目。

到 1996 年，两系法的繁殖、制种和栽培技术也已成熟配套，开始大面积推广。随后，长江流域双季稻区两系法杂交早稻研究又获突破，育成了一批优质、高产、早中熟的两系早籼组合，为提高长江流域早籼稻品质和产量提供了有力的技术支撑，并于 1998 年开始大面积示范种植。到 2000 年全国累计推广面积达 5 000 万亩，10 年累计推广达 1.2 亿亩，累计增加产值 110 亿元。

两系法研究是一项我国独创的高新技术，是世界作物育种史上的重大革命，它不仅简化了种子生产的程序，降低了种子成本，而且可以自由配组，大大提高了选育优良组合的概率。

在两系杂交水稻育种理论的启发下，两系法杂交高粱、两系法杂交油菜、两系法杂交棉花、两系法杂交小麦相继研究成功。我国农作物育种创造出了新的辉煌。

1997 年，袁隆平提出了培育"超级杂交稻"的理念。2002 年，由他主持的超级杂交稻育种项目，在湖南龙山县百亩示范片平均亩产达 817 kg，最高亩产达 835.2 kg，这标志着超级杂交稻可以在一般生态条件下大面积推广。

2001 年 7 月，袁隆平与香港科学家辛世文合作，通过传统育种技术与基因工程的结合，发展新一代的高产优质杂交水稻。

2001 年 11 月，袁隆平在世界农业科技大会上指出：生物技术可以加速中国的超级稻研究。如果转入玉米的某种基因，超级水稻的单产还会有大幅增长的潜力。与此同时，利用高技术优化米质的工作也全面展开。

随着我国航天事业的飞速发展，袁隆平的育种思路从稻田拓展到了宇宙太空。他在进行超级稻的实验过程中，积极参与我国尖端的航天育种工程。

超级杂交稻（图 5-3）具有穗大、粒多、抗倒、功能叶光合能力强、适应性广等优点，具有广阔的推广前景。通过超级杂交稻大幅度提高水稻产量大有希望。经过估算，如果 21 世纪推广超级杂交稻 2.3 亿亩，按平均每亩增

超级杂交稻与普通水稻

图 5-3　超级杂交稻

加稻谷 100～150 kg 计算，每年可增产粮食 $230 \times 10^8 \sim 345 \times 10^8$ kg，可多养活 6 000 万～8 000 万人口。

超级杂交稻是 21 世纪增加我国粮食的重要途径，也是解决未来世界性粮食危机和饥饿问题的有效途径。它对我国国民经济和社会的发展以及世界和平和粮食安全有着重要意义。

四、小　米

你知道吗？ 小米是我国北方尤其是西北地区的主粮。小米有很多品种。黄小米色泽金黄，口感厚重香醇；白小米晶莹剔透，温软如玉，口感细腻香甜。小米粥营养丰富，易于消化吸收，健脾养胃，是物美价廉的滋补佳品。

粟古称禾、谷或谷子（图 5-4），将它的果实去壳以后，就得到了直径 2 mm 左右的小米。它的野生近亲我们也非常熟悉，就是田间地头常见的狗尾草。混杂在谷子里的莠子也是粟的近亲。

中国北方的山西一带是粟的起源中心，直到现在，世界上 90% 的粟都在中国。粟耐干旱，耐瘠薄，易种植，去皮后得到的小米口感甘醇，营养丰富，是我国古代先民的主要粮食作物。所以，夏、商

图 5-4 粟

文化又被学者们称为"粟文化"。考古发现，黄河流域从西起甘肃玉门，东至山东龙山的新石器时代遗址中，有炭化粟出土的遗址有近 20 处。比如在陕西半坡村、河北磁山等新石器遗址里都曾发现过粟粒。经过碳 14 鉴定，我国栽培粟的历史已经有 7 000 多年了。经过一代又一代的人工选育，古代先民使它从野草变成了现在的庄稼。现在，粟的品种很多，有青苗、红苗的区分，长大后结的谷粒有黄、白、红、杏黄、黑等颜色，去秤壳之后的小米有黄、白、青等颜色。

中国最早的酒也是用小米酿制的，所以粟的培育也孕育了我国源远流长的酒文化。

到北魏时期，贾思勰在《齐民要术》中介绍了多达 86 个粟品种，包括了诸如早熟、晚熟、耐旱、耐涝、耐风、有毛、无毛、脱粒难易、米质优劣等不同性状，反映了当时选种工作的开展和

农作物品种的多样化。

小米的营养价值极高。它富含蛋白质、维生素、烟酸，还含有钙、铁、锌等人体必需的微量元素。产妇、老人、孩子等身体虚弱的人适合用小米进补。常吃小米可以消除脾胃中热，养肾益气。红糖小米粥营养丰富，含铁量高，适于产后虚弱的妇女食用。

五、玉 米

你知道吗？ 玉米是古印第安人奉献给人类的优秀农作物。玉米是当今世界上产量第一高的粗粮，是人类的主食。玉米在抵御饥饿方面的贡献首屈一指。

玉米（图5-5），又称玉蜀黍、苞谷、珍珠米等。7 000年前印第安人就已经开始种植玉米了。哥伦布发现新大陆后，把玉米带到了西班牙，随着世界航海业的发展，玉米逐渐传到了世界各地，并成为最重要的粮食作物。大约在16世纪中期，玉米被引种到中国，18世纪又传到印度。

经过长期培育，现在已经有了众多的玉米品种。按玉米粒的颜色不同可以分为黄色、白色、黑色等类型；按玉米粒的形态、结构可分为甜质型、甜粉型、硬粒型、粉质

图 5-5 玉米

型、爆裂型、蜡质型、有稃型、马齿型、半马齿型等类型；按成熟期可分为早熟、中熟和晚熟品种；按用途分为特用玉米和普通玉米两大类。特用玉米一般指高赖氨酸玉米、高油玉米、高直链淀粉玉米等。美国对特用玉米的研究和开发较为先进，年创产值数十亿美元。我国特用玉米研究开发起步较晚，和美国比还有一些差距。近年来，我国玉米育种工作者进行了大量的研究试验，在高赖氨酸玉米、高油玉米等育种上取得了进步，为我国特用玉米的发展奠定了基础。

　　玉米籽粒（图 5-6）中含有 70%～75% 的淀粉，10% 左右的蛋白质，5% 左右的脂肪，2% 左右的多种维生素。籽粒中的蛋白质、脂肪、维生素 A、维生素 B_1、维生素 B_2 含量均比稻米多。以玉米为原料制成的加工产品有 500 多种。目前，普通玉米已经成为最主要的饲料作物。玉米占世界粗粮产量的 65%，占我国粗粮产量的 90%。在世界谷类作物中，玉米的种植面积和总产量仅

图 5-6　玉米籽粒

次于小麦和水稻，平均单产则居首位，世界各地均有玉米种植。

　　由于玉米含有较多的蛋白质和维生素，添加玉米制成的食品有很高的营养价值，特别适合儿童和老人食用。20 世纪 70 年代以来，玉米膨化食品因色、香、味俱佳而迅速盛行。甜玉米可以鲜食，也可以充当蔬菜食用。

六、高　粱

你知道吗？ 生活在 10 万年前的古人类吃什么？是狩猎打鱼？还是采摘果实搜集草籽？根据考古发现可以知道，在非洲的莫桑比克地区，10 万年前的古人类已经学会了种植高粱，并以它作为食物。所以，古人类的生活也许不像我们想象的那样差。

高粱（图 5-7）也被称为蜀粟、芦粟等，是一年生草本植物，也是常见的高产农作物。高粱茎秆粗壮高大，茎叶的外形很像芦苇，但茎不是中空的。高粱一般高 3～5 m，直径 2～5 cm。

考古学家在莫桑比克的一个洞穴里发现了古人类生活的遗迹。根据洞穴里发掘出的石器等文物可以确定，这些古人类生活在大约 10 万年前。考古学家发现在一些石器的表面上黏附着很多高粱粒，这表明当时的原始人已经在种植高粱并

图 5-7　高粱

将其作为食物。这是迄今为止发现的最早的食用高粱。

1935 年，植物学家斯诺顿搜集到 17 种野生高粱，其中 16 种来自非洲。在当时发现的 31 个栽培种里，有 28 个来自非洲；158 个变种里，有 154 个来自非洲。所以一般认为高粱起源于非洲，再由印度传入我国。根据古代农书典籍的记载和考古发现，我国栽

培高粱的历史有 5 000 多年了。

　　高粱是我国北方常见的耐旱作物，有"植物中的骆驼"的美称。这与高粱特殊的身体结构有关。高粱的根系非常发达，能从土壤里吸收很多的水分。高粱的茎叶表面有一层蜡质，它的叶片也比较狭小，气孔较少，这些结构都可以防止水分过度散失。在干旱季节，高粱还能转入休眠状态停止生长。

　　高粱全身都有用。它的籽粒脱壳后被称为高粱米，可以制成高粱米饭，煮成高粱米粥，也可以磨面以后制成面条、面鱼、面卷、发糕等。高粱在非洲、亚洲都是百姓常用的粗粮。一些品种的高粱穗去掉籽粒之后可以绑成笤帚、炊帚，还有一些品种的高粱秆上端可以做成锅盖、缸盖等，成束的高粱秆可以在修建屋顶时代替木板。高粱的根可以作为柴火使用。

七、马铃薯

　　你知道吗? 野生马铃薯原产于南美洲的安第斯山一带。现在的马铃薯是由古印第安人培育出来的。现在全世界有几千个马铃薯品种，有淀粉含量高适合作为主食的，也有适合作为蔬菜食用的。

　　马铃薯是茄科茄属的草本植物，其地下块茎被称为土豆。土豆可以作为粮食，也可以作为蔬菜。

　　现在，除了用土豆作为主食和蔬菜以外，还常用土豆做成炸条、炸片、速溶全粉、淀粉、粉条等食品。马铃薯的新鲜茎叶经过青贮之后可以作为饲料，但处理不好会导致龙葵碱中毒。用马铃薯枝条作绿肥，既可以减少化肥的用量，又可以消除乱放秸秆造成的脏乱问题。

　　土豆含有丰富的膳食纤维，能促进胃肠蠕动。土豆中还含有 20％左右的淀粉，可以提供人体生命活动所需要的能量，但 100 g 土豆能提供的能量只有 80 cal，吃土豆是人体摄入热量较少的饮食方式之一，而且土豆中脂肪的含量只有 0.1％，所以每天多吃土豆可以减少脂肪的摄入，可以让身体将多余的脂肪代谢掉，达到减肥的目的。

　　土豆里维生素 C 的含量约为苹果的 10 倍，成年人每天摄入 0.25 kg 土豆就可以满足身体对维生素 C 的需求。土豆里的维生素 B_1、维生素 B_2、维生素 B_6 约是苹果的 6 倍，它还含有多种人体所需要的微量元素。所以，常吃土豆可以延缓衰老。土豆中还含有丰富的钾，常吃可以避免中风。

　　土豆含有一些有毒的生物碱（茄碱和毛壳霉碱），经过 170 ℃ 的高温烹调它会分解，但一般栽培马铃薯的生物碱含量极低，1 g 马铃薯只含 0.2 mg 左右，而一般需要摄入 200 mg 才会出现中毒症状。土豆暴露在光下会变绿，发芽后芽眼会变紫，生物碱含量都会提高，此时应避免食用以防中毒。

　　土豆可以产生果实和种子，但土豆的种子不易采集和处理。所以人们都习惯用它的块茎繁殖。这种繁殖方式属于无性繁殖，可以保持亲本的优良性状。

八、白　菜

　　你知道吗？ 白菜是当今最常见的蔬菜，据推测人类食用大白菜的时间可能并不长。

　　白菜古称菘，是十字花科芸薹属植物，是世界上普遍栽培的一种常用蔬菜。

　　白菜容易栽培，产量高，耐储藏，是普通百姓最常食用的蔬菜。它营养丰富，除含糖类、脂肪、蛋白质等营养成分之外，还含有丰富的维生素。它的维生素 C 含量约为苹果的 5 倍，锌的含量高于肉类。中医认为白菜味甘，微寒，无毒，常吃能滋养脾胃，生津解渴，利尿通便。民间有"鱼生火，肉生痰，白菜豆腐保平安"的说法。

　　由于白菜营养价值高，自古以来就受到人们的称赞。明代王世懋认为白菜是"蔬中神品"。清代王士雄在《随息居饮食谱》中评价白菜"荤素皆宜，味胜珍馐"。清末史学家柯劭忞有"翠叶中饱白玉肪，严冬冰雪亦甘香"的诗句。白菜耐储藏，是我国北方冬季的主要蔬菜。它可以生吃凉拌，也可以腌制成酸菜、泡菜。它可炒、可涮、可炖，也可做馅。白菜无味，但又能和百味。白菜可以和多种肉类或蔬菜搭配食用。在民间，也有"诸肉不如猪肉，百菜不如白菜"的说法。

　　白菜还深受文人雅士的喜爱。白菜的叶子集翠绿与洁白为一体，可谓一清二白。白菜在我国北方种植，在深秋收获，它不畏严寒，能耐霜雪，象征高洁的品格。所以白菜是坚贞纯洁、清清白白的象征。我国很多地区的百姓在过年的时候都要吃白菜，寓意天长地久，清清白白。白菜还是百财的谐音，所以在玉雕作品里常可以见到白菜和元宝的组合。

　　一般认为白菜起源于我国，但史书上并没有明确的记载。从周朝到汉晋都没有文献资料提到白菜，只有"菾""菘"两个同义字表示白菜。到了南北朝时期，小白菜在我国南方已普遍栽培。唐朝的《新修本草》曾提到过不结球的散叶大白菜——"牛肚菘"。估计这种白菜仍然不像我们今天吃的白菜。明朝的《二如亭群芳谱》中有"黄芽菜"的记载，它很像今天的大白菜。所以估计大白菜应该是明末清初在河北一带培植成功的。

　　白菜不耐热，说明它应该起源于北方；白菜喜欢温和湿润的气候，又说明它应该起源于南方。为什么会得出两种互相矛盾的结论呢？据考证，现在北方普遍栽培的大白菜应该是南方的小白菜和北方的芜菁自然杂交而来的，经过长期的人工培育和选择，得到了今天这样的大白菜。农学家让现在的小白菜和芜菁杂交，结果也证实了这一推论。

九、利用杂种优势培育农作物新品种

　　你知道吗？人类最先使用的育种技术是选择育种。杂交育种是农牧民在长期的生产实践中发现并使用的育种方法。这种育种方法的优点是后代的变异性强，类型多，能够培育出具有两个亲本优良性状的新品种。

　　在中国古代的农学典籍《齐民要术》《农政全书》里，就曾提到可以将同种农作物的不同品种间作的方法来提高农作物产量，如用黄色玉米和白色玉米间作，比二者单独分片种植产量高。

　　早在 2 000 年前，我国劳动人民就采用母马与公驴杂交，得到力气大、耐力强、节省饲料的"役骡"。这可以认为是杂交育种的开始。因为人们发现，马的力气大，但吃得多，耐力也不强，劳动寿命只有 10 年左右；驴的耐力好，吃得少，但力气小，劳动寿命 15 年左右。而它们杂交后代——骡却比马和驴都优秀：吃得比马少，耐力比驴强，力气也大，而且劳动寿命大大提高，可以超过 30 年。农村有种说法：一个农民有了一匹役骡，可以终生无忧，就是因为它的使用寿命长，又聪明，又能干，是农民不可替代的好帮手。可是，由于马的体细胞具有 64 条染色体，驴的体细胞具有 62 条染色体，所以骡的体细胞具有 63 条染色体。由于马和驴是两个不同的物种，它们的染色体是异源的，故骡的体细胞中不存在同源染色体。骡的性原细胞在减数分裂时，无法完成同源染色体的联会，不能产生正常的生殖细胞，因而骡是不能繁殖后代的。所以骡并不是一个新物种。

将杂种优势大规模运用到农作物上是近代的事。人们发现在农业生产上使用杂交种，比使用连年种植的优良品种有更明显的增产作用。杂交作物表现为生长整齐、植株健壮、产量高、抗虫抗病能力强等特点。人们把这种现象称为"杂种优势"。

但并不是随便将两个品种杂交，其杂交后代就能表现出我们期望的杂种优势。具体说来，杂交种有以下特点。

第一，杂种优势不是某一两个性状单独地表现出来，而是许多性状综合地表现出来。

第二，杂种优势的大小，大多数取决于双亲性状间的相对差异程度和相互补充程度。一般是双亲间的亲缘关系越远，杂种优势越强。

第三，杂种优势的大小与双亲基因型的纯合程度具有密切的关系。只有在双亲基因型的纯合程度都很高时，杂交子代群体基因型才能具有整齐一致的异质性，不会出现性状分离现象，这样才能表现出明显的优势。

第四，杂种优势的大小与环境条件的作用有密切的关系。性状的表现是基因型与环境综合作用的结果。不同的环境条件对于杂种优势表现的强度有很大的影响。一般来说，在同样不良的环境条件下，杂种比其双亲具有更强的适应能力。

杂种优势在农业生产上最早大规模应用的是种植杂交玉米。玉米是雌雄同株异花的植物。雌花是植株中部的果穗，雄花是植株顶部的花絮，非常容易区分。

要想得到玉米的杂交种首先需要选一块土质疏松肥沃、不旱不涝，周围 1 000 m 以内没有种植其他品种玉米的区域（防止自然杂交）。选一个优势品种作母本，另一个优势品种作父本。两个品种间的遗传差异越大，杂种优势越强。在种植的时候，一般每种植 4 行母本，种植 1 行父本，这样反复下去。在快要吐穗时，将母本的雄花抽去（去雄），然后等父本吐穗后借助风力传粉。如果遇到阴雨天影响授粉，还要进行人工授粉。根据农民摸索出的经验，可以在雨后采用一手抓住雄花，另一手抓住雌花，对在一起蹭几下的方法。这样可以很大程度地减少因为阴雨影响授粉而造成的损失。秋天，将母本上结的种子取下来，第二年就可以作为杂交种推广了。

十、现代作物新品种

你知道吗？ 萝卜的食用部分是块根，甘蓝的食用部分是地上的球茎，能不能培育出一种地上结甘蓝，地下长萝卜的新型农作物呢？类似的想法还有很多，比如番茄-马铃薯、白菜-甜菜等，这些想法能实现吗？

1. 白菜-甘蓝

白菜是十字花科芸薹属植物，是我国北方最常食用的蔬菜。甘蓝又叫洋白菜，也属于十字花科芸薹属，能形成叶球。甘蓝也是非常常见的蔬菜，它的叶球可以炒，可以煮，也可以凉拌、腌渍或制干菜。

白菜产量高，易储藏，但不能形成叶球。在储藏时需要不断剥去外面的叶子，这使储藏白菜的损耗很大。甘蓝产量低，口味不如白菜，但能形成叶球，易于运输。所以人们想到，能不能让白菜和甘蓝杂交，得到一种拥有白菜的产量和品质，却又能像甘蓝一样形成叶球的新品种蔬菜？白菜和甘蓝虽然都属于十字花科芸薹属，但它们是不同的物种。白菜的体细胞有 20 条染色体，甘蓝体细胞有 18 条染色体。在自然状态下这两个物种是不能产生可育的杂交后代的，这就是自然界的生殖隔离现象。如果让白菜和甘蓝进行有性杂交，产生杂种一代白菜-甘蓝，体细胞染色体数目为 19，属于异源二倍体。由于异源二倍体没有同源染色体，通过减数分裂产生有效配子的可能性很小，所以是高度不育的。这时可以用化学药物（如秋水仙素）让异源二倍体的幼苗染色体加倍，成为异源四倍体。这个异源四倍体的体细胞中就存在成对的同源染色体了，就可以自行繁殖后代了。这个新品种就是我们现在常见的白菜-甘蓝（图 5-8）。

图 5-8　白菜-甘蓝

2. 抗虫棉

棉花是我国重要的经济作物。我国的棉花种植面积总共有

7 500万亩，占全世界的15％左右。与棉花相关的产业吸纳了1 900万人就业。在我国的新疆、河南、安徽、山东等省区有大面积的棉花种植区。棉花有一种重要的害虫叫棉铃虫。棉铃虫的幼虫能危害棉花的顶尖、蕾、花、铃，造成受害的蕾、花、铃大量脱落，对棉花产量影响很大。我国每年由棉铃虫造成的经济损失就达几十亿元。

为了对付棉铃虫，1991年在国家高技术研究发展计划（863计划）中启动了抗虫棉研制工作。1996年抗虫棉研制成功，1997年大面积推广。

人们发现，苏云金芽孢杆菌能产生一种Bt毒蛋白。这种毒蛋白在哺乳动物的胃液作用下几秒内就能被完全降解，所以它对人畜无害。毒蛋白能导致棉铃虫、红铃虫等少数鳞翅目昆虫的消化道溃烂，最终致其死亡。科学家就想，能不能将苏云金芽孢杆菌体内控制毒蛋白的基因提取出来，转移到棉花体内，让棉花也能产生Bt毒蛋白，从而抵抗棉铃虫的破坏呢？经过努力，科研人员培育出了拥有抗虫基因的抗虫棉。这种抗虫棉不但能抵抗棉铃虫的破坏，还能节省农药，减轻环境污染，有重要的经济意义和环保意义。

3. 彩色棉花

棉花是锦葵科棉属植物的种子纤维，绝大多数亚热带国家都有生产。世界上棉花产量较高的国家有中国、美国和印度。我们常见的棉花都是白色的，其实还有其他颜色的棉花。过去美洲的印第安人就曾经种植过褐色的棉花，但这种棉花的纤维太短，无法织布，只能做填充材料。

20世纪80年代，美国植物学家福克斯发现了这种彩色棉花，经过她的选择和精心培育，不仅棉花的花色品种增多了，还得到了纤维长度和强度可供织布的新品种。她为这些棉花申请了专利，还在 1989 年创立了天然棉花色彩公司。公司销售的棉布有红褐色的"小狼"棉、黄褐色的"野牛"棉和橄榄绿的"绿树"棉。这些棉布不需经过任何化学染料的处理，其生产制作过程不会造成环境污染，也不会对人体产生伤害。

我国于 1994 年开始彩色棉花育种的研究和开发，目前已经培育出了棕、绿、黄、红、紫等色泽的彩色棉花。有些品种的彩色棉花在质量、色泽等方面还处于国际领先水平呢。

4. 彩色小麦

小麦是中国第二大粮食作物，产量和消费量约占中国粮食总量的四分之一。我们经常在商店、蛋糕房里看到各种颜色的面食。为了让这些面食拥有好看的颜色，商家会往里面添加色素。天然色素非常贵，会大大增加成本。许多商家就使用人工色素，这些色素都是化学合成的，食用多了会对人体造成危害。彩色小麦的出现解决了这一难题。

我国小麦育种专家周中普和他的科研团队经过十多年的艰辛努力，用普通小麦与偃麦草、冰草等进行远缘杂交，结合化学诱变、物理诱变等育种方法，培育出了黑色、紫色、绿色、咖啡色、蓝色等五颜六色的小麦，其中新培育出来的绿色小麦在全世界较为罕见。

据专家介绍，彩色小麦种皮中的色素是一种苷类物质，在普通小麦中含量极少。彩色小麦富含碘、硒、钙、铁、锌等多种微量元素，这些微量元素对人类能起到保健作用，因而又被称为保健小麦。

我们可以利用这些彩色小麦磨出的面粉生产出彩色挂面、彩色面包、彩色饺子等既让人赏心悦目，又可以放心食用的美食。

5. 无子西瓜

炎炎夏日，吃一块西瓜解暑，是我们经常做的。在吃西瓜的时候，西瓜籽是令人讨厌的东西。这时我们常常会不由自主地想，要是西瓜里没有籽就好了。下面我们就介绍一种没有籽的西瓜——无子西瓜。

普通西瓜是二倍体，果肉细胞有 22 条染色体。农业工作者利用普通西瓜培育出了三倍体无子西瓜，果肉细胞有 33 条染色体。这种西瓜个大、含糖量高、口感好、易贮藏，而且吃起来不用吐籽，备受人们的青睐。

无子西瓜是怎么得到的呢？首先种植二倍体西瓜的种子，得到二倍体幼苗。将一部分二倍体幼苗用秋水仙素处理，使其染色体加倍成为四倍体。再让四倍体作母本，授以二倍体的花粉，当年在四倍体植株上结的西瓜是四倍体西瓜，西瓜里的种子则是三倍体种子。第二年将这些三倍体种子种下去，得到三倍体植株，开花后再授以二倍体的花粉，结的西瓜就是三倍体无子西瓜。无子西瓜并不是真的无籽，是种子发育不好，在西瓜里有很软的白色的种皮。其原因是三倍体植株在产生配子时联会紊乱，不能产生正常的配子，所以虽然授给它二倍体的花粉，它的胚和胚乳发育不正常（注意不是不能发育），所以可看到发育不好的白色的种皮。

那么，既然无子西瓜不结籽，为什么还要给它授以二倍体的花粉呢？原因是授粉后花粉萌发产生花粉管。花粉管在生长过程中，能将其含有的色氨酸酶系分泌到雌蕊组织，使花柱和子房产生大量的生长素。随着花粉管的伸长，雌蕊各部分生长素含量高峰按花柱顶端、花柱基部和子房的顺序出现。这些生长素使子房发育成果实。

不仅如此，由于花粉中不断向花柱分泌各种酶类，雌蕊组织中的碳水化合物和蛋白质的代谢作用都在加强，呼吸作用也在加强。受粉后的雌蕊组织吸收水分和无机盐的能力也在加强，即子房的代谢迅速加强，细胞分裂也非常旺盛，子房成为植株的代谢活跃重心，最后发育成果实。这种现象被称为花粉蒙导作用。

那么，我们为什么称这种西瓜为无子西瓜而不称之为无籽西瓜呢？这是因为无子西瓜是三倍体，在产生配子时同源染色体联会紊乱，不能产生正常的配子，是高度不孕的，也就是不能通过有性生殖产生后代。它的果实里没有籽是由遗传物质决定的，属于可遗传的变异。如果我们用组织培养的方法让无子西瓜产生了后代，它的所有后代仍然不能结籽。

将一定浓度的生长素涂在没有授粉的番茄花蕾上，过一段时间也能得到番茄果实，但是这种果实没有籽。这种无籽变异不是由遗传物质决定的，我们用组织培养的方式获得了无籽番茄的子代，其子代如果正常授粉就会结籽，所以无籽番茄和无子西瓜在遗传意义上是不同的。

十一、现代育种学的发展

你知道吗？ 随着现代生物技术的发展，特别是人类基因组计划的实施，人类运用基因工程、细胞工程培育新品种的做法迅速发展起来，很多原来闻所未闻、见所未见的农作物新品种出现了。这些新品种丰富并提升了人们的生活品质。

现代育种是以遗传学的基本规律为基础的。孟德尔首先提出，在生物的体细胞中有成对的遗传因子（如 DD、Dd、dd），在生物的配子中有且必有每对遗传因子中的一个（如 D 或 d）。遗传因子（现在称为基因）是控制生物性状的内在因素，生物性状是遗传因子的外在表现。自 1900 年孟德尔遗传定律被重新发现以后，遗传学的发展日新月异。这门科学对动物和植物的改良起到巨大的指导意义，使育种由缺乏理论指导的个人爱好转变成严谨的科学研究。

杂交育种作为传统的育种方法，为粮食生产做出了巨大贡献，但它需要年年制种，工作量烦琐巨大。杂种自交后代会出现性状分离，原来的优势会逐渐淡化。科学技术的发展，尤其是细胞工程、基因工程的兴起，给育种工作带来了新的革命。通过细胞工程，人们让两种亲缘关系较远的植物细胞杂交成一个杂种细胞，这个杂种细胞拥有两个物种的全部基因，可以自行繁殖而不退化，具有独特的优越性。比如，现在人们培育成功的白菜-甘蓝，它的叶子很像白菜，但又像甘蓝一样包得很紧，有利于储存和运输。人们还设想培育出下面长萝卜上面结甘蓝的萝卜-甘蓝，但目前还没有成功。

基因工程也为育种工作开创了一条捷径。通过基因工程，人们可以按照自己的"意愿"来改造生物。

目前，随着人民生活水平的不断提高，人们对肉、蛋、奶的需求量越来越大，但肉、蛋、奶的产量并未同步增加，基因工程是解决这一矛盾的有效手段。

饲养绵羊时，我们希望得到更多的羊毛和羊肉。经过研究发现，绵羊体内有促进羊毛生长的基因，也有抑制羊毛生长的基因。冬季来临，天气变冷，促进羊毛生长的基因启动，抑制羊毛生长的基因关闭，羊毛迅速生长。当羊毛生长到一定程度，足够绵羊保暖需要的时候，促进羊毛生长的基因关闭，抑制羊毛生长的基因启动，羊毛就停止生长。同样，绵羊体内有促进羊肉生长的基因，也有抑制羊肉生长的基因。在绵羊处于生长期，促进羊肉生长的基因启动，绵羊的体重就迅速增加。到成年以后，抑制羊肉生长的基因启动，绵羊体重就趋于稳定。

在明白了这个原理之后，科学家运用基因工程敲掉绵羊体内抑制羊毛和羊肉生长的基因，就能在同等饲养的条件下获得更多的羊毛和羊肉。

饲养蜜蜂可以收获蜂蜜，但蜜蜂蜇人是一件令人头疼的事情。日本科学家运用基因工程手段，获得了不蜇人的蜜蜂。这种蜜蜂除了可以酿蜜，还可以放养到蔬菜大棚里，让它们给蔬菜授粉。

第六章　植物的生命活动

一、植物体内的水为什么向上流

你知道吗？ 人往高处走水往低处流，这是大家熟知的常识。在植物体内，水却是往高处流的，这是为什么呢？

世界上最高的一株巨杉达 142 m，它的顶部枝叶是怎么得到水分的呢？

俗话说，人往高处走，水往低处流。这是因为水受重力的影响，会自然从高处流向低处。但在植物体内的水却能从低处（根部）流向高处（茎的顶端），这是为什么呢？

在烈日炎炎的夏天，一棵胸径 30 cm、枝繁叶茂的大树，每天可以蒸发掉 100～150 kg 的水分，这些水分都是它利用根系从土壤中吸收的。

从结构上来看，植物体内有专门运输水分和矿物质的结构——导管。人们通过研究发现，导管运输水的速度虽然比不上水泵，但也是比较快的，每小时可以运输 5～40 m。一棵草本植物，根部吸收的水分几分钟就能运到叶子上，一棵高大的乔木也不过几小时。

水分在植物体内运输的动力是什么？人们一开始认为这个动力只来自根系。有人就将植物的根系切掉，然后将它放在红墨水中。一段时间后，就有红墨水被吸收到茎叶里面。进一步研究表明，植物通过蒸腾作用向外散失水分的时候，会产生向上的巨大的压力（可达 100 个大气压），这就是蒸腾拉力，是植物体内水分向上运输的主要动力。

　　除此之外，植物体内水分向上运输的动力还有什么呢？有科学家做了这样一个实验：将植物的上部分切掉，保留一部分茎和全部的根系，然后将它放在水中。结果发现，植物依然能够吸收水分。这种来自根系的吸水动力被称为根压（可达 7 个大气压）。根压产生的机理是：植物通过主动运输吸收土壤中的矿物质的时候，会同时促进水分的吸收。

　　除了这两个动力以外，水本身有很大的内聚力，这种内聚力使水分子之间互相结合难以分开，这也是水分能从地下十几米上升到地上几十米甚至一百多米的原因之一。

二、植物为什么不用吃饭

　　你知道吗？ 人需要吃饭，是因为人要从饭里获得生命活动所需要的营养物质和能量。植物不需要吃饭，它需要的营养物质和能量从哪里来？它需要的无机营养由根系从土壤中吸收，它需要的能量则来自叶片通过光合作用固定的太阳能。

　　植物的叶片为什么能固定太阳能呢？我们常见的菠菜、白菜等陆生植物，其叶片上表面都覆盖着一层保护组织。保护组织下面就是排列得整整齐齐的像栅栏一样的栅栏组织（图 6-1）。栅栏组织细胞里有很多叶绿体，这些叶绿体就是植物进行光合作用的场所。通过它，植物将从空气中吸收来的二氧化碳和从土壤中吸收来的水转变成有机物，同时将光能转变成有机物中的化学能储存起来。

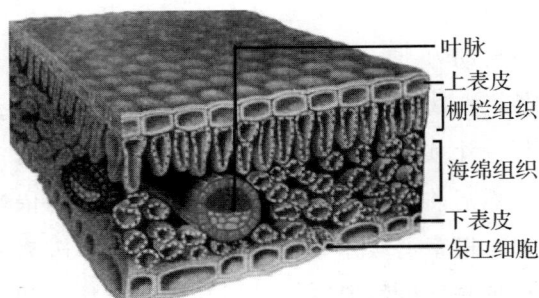

图 6-1　叶片的结构

　　要持续不断地获得光能，只需静静地站在太阳底下就可以了。那么，怎样才能有充足的水和二氧化碳呢？植物依靠强大的根系从土壤里源源不断地吸收水分，再运送到茎和叶，满足这里对水的需求。二氧化碳则由叶片背面的气孔吸入。气孔旁边的两个保卫细胞就像人的上下嘴唇一样可以张开，也可以闭合。细胞的两端是固定的，就像人的两个嘴角是不能移动的一样。不同的是，人张开嘴靠的是肌肉收缩，气孔张开则是保卫细胞吸水膨胀导致的。

　　由于陆地生态环境的多样性，陆生植物的叶也有多种类型。干旱地区的植物如沙棘等一般叶小而厚，或叶表面有很多茸毛。从结构上看，这些旱生植物的叶表皮细胞有很厚的细胞壁，表面还有发达的角质层以防止水分过度散失。还有一些旱生植物如马齿苋、芦荟则有肥厚多汁的叶，在叶内有发达的薄壁组织储存大量的水分以抵御干旱。还有一些旱生植物如仙人掌，叶退化成叶刺，茎肥厚多汁且具有叶绿体。

　　那么，光合作用是怎么出现的呢？地球诞生到现在大约有

46亿年了。最初地球表面是炽热的，没有任何生命存在。之后地球表面的温度逐渐降低，才逐渐具备了生命形成的条件。在当时的地球上，大气里没有氧气，而是由甲烷、氨、硫化氢、氰化氢等气体构成的原始大气。在闪电和紫外线的作用下，一些原始大气中的甲烷和氨等物质变成了氨基酸、核苷酸等有机小分子。这些有机小分子随着雨水落到地面，再随着河流汇集到原始海洋里。随着时间的推移，原始海洋里的有机小分子越来越多，它们之间也就有可能相互接触。在极偶然的情况下，氨基酸相互结合成原始的多肽，进而变成原始的蛋白质。核苷酸相互结合形成了原始的核酸。蛋白质和核酸是最重要的生命物质。这两种物质经过长期接触，相互作用，经过漫长的演化，最终形成了多分子体系。多分子体系还不是生命，但它已经能够通过界膜和外界环境隔开，能和外界环境发生最原始的物质交换了。再经过亿万年的演化，到了大约36亿年前，原始生命诞生了，这是地球生命演化史上第一个划时代的标志。称其为生命，是因为它有了原始的新陈代谢和繁殖能力。原始生命不能进行光合作用，它需要从原始海洋里摄取现成的有机物。以后逐渐演化，形成了能进行光合作用的细菌，它们通过光合作用吸收空气里的二氧化碳，释放氧气。光合作用的出现，不但推动了生物的进化，也改变了地球环境，使地球表面有了丰富的氧气，而这种改变了的环境反过来又促进了生物的进化。所以，光合作用的出现是生命演化史上第二个划时代的进化。再经过几亿年的时间，地球表面有了比较多的氧气，利用氧气进行有氧呼吸的生物出现了，这是第三个划时代的进化。由于有氧呼吸利用有机物效率高，获得能量多，推动了生物向前进化。所以，光合作用对地球生命演化有着重要的意义。

三、植物的茎有什么用

你知道吗？水生植物要么没有茎（如多数藻类），要么茎很纤细（如水毛茛）。植物在陆地上生活，首要的问题是如何支撑身体。拥有强韧有力的茎，是植物陆生生活的前提。

地球上的生物是按照从简单到复杂，从低等到高等，从水生到陆生的次序向前进化的。最初的生命生活在水中，依靠水的浮力支撑身体。海洋里虽然经常波浪滔天，但水生植物只要能随波逐流就会安然无恙。当水生植物向陆生植物演化的时候，不但要解决如何支撑身体的问题，还要能抵御陆地上强风暴雨的摧折。

通过长期的演化，陆生植物的茎里出现了强大的机械组织。机械组织由纤维和石细胞构成，纤维就像钢筋，石细胞就像混凝土。机械组织在各种基本组织里都有分布，让这些组织变得坚韧结实。茎的木质部由导管、管胞、木纤维和薄壁细胞组成，那些高大乔木的木质部细胞在成熟后细胞壁会逐渐加厚并木质化，使乔木抗折、抗压能力更强。这些结构让植物能够抵御强风、暴雨、冰雪的侵袭，也能让木本植物占据更大的空间，使它们具备非常强大的光合能力。

由于植物种类繁多，生活环境变化多端，植物茎的生长方式也千差万别。有直立生长的，如杨树、柳树、松柏、蓖麻等；有缠绕在其他物体上螺旋生长的，如牵牛花（图 6-2）、马兜铃、何首乌等；有能够攀爬的，如葡萄、白藤、豌豆、爬山虎（图 6-3）等；也有匍匐在地面上生长的，如草莓、红薯、蒺藜（图 6-4）等。

图 6-2　牵牛花

图 6-3　爬山虎

图 6-4　蒺藜

　　很多植物的茎可以用来繁殖后代。杨、柳、葡萄等可以用枝条扦插繁殖。苹果等可以用嫩芽进行嫁接繁殖。我国西双版纳有一种奇特的打不死草，如果我们用鞭子将它的茎叶打成许多碎片，这些碎片落在地上，几天之后就会长成许多新的植株。

很多植物的茎有重要的利用价值。例如，松柏、杨柳等乔木的茎可以作为木材；甘蔗、莴苣的茎可供食用；桂枝、半夏、黄精的茎可供药用；利用植物的茎获取的纤维、橡胶等是用途广泛的工业原料。

四、植物的根有什么用

你知道吗？ 水生植物的枝叶浸泡在水里，可以从水中直接吸收水和无机盐；陆生植物需要强大的根系从土壤中吸收水和无机盐。

我们知道，在建造高楼大厦的时候，需要挖出许多个深坑，打上钢筋混凝土地桩。这些地桩就起到固定高楼大厦的作用，使高楼在强风、地震等极端条件下屹立不倒。陆生植物在生长过程中也经常受到狂风暴雨的摧折和动物的践踏破坏。拥有强大的根系可以使它们牢牢地固定在地上。

根是植物体生长在地下的营养器官。它的顶端能不断向下生长形成主根，主根还能产生侧向生长的侧根，它们共同组成庞大的根系。根系从土壤中吸收的植物需要的水分和无机盐，通过根和茎内部的导管和管胞被源源不断地运到茎和叶。这样，植物的地上部分才能长得花繁叶茂、硕果累累。庞大的根系还能起到保持水土、固定流沙和保护堤岸的作用。

植物的根内富含薄壁细胞，适合贮藏营养。通过长期的进化，有些植物的根特化成贮藏根。贮藏根有两类：一类是萝卜、甜菜、胡萝卜这样的肉质直根，另一类是红薯、何首乌这样的块根。

玉米在定植之后，常在茎节上长出不定根（图 6-5）。这些不定根扎到土里，起到支持作用，可以让玉米在强风下不易倒伏。不定根扎到土里之后，还会长出侧根，这些侧根能从土壤中吸收水分和无机盐。

图 6-5　玉米茎节上的不定根

常春藤和凌霄的茎纤细柔弱不能直立。但它们会从茎上长出不定根，这些不定根会固着在岩石、墙壁或树干上，使常春藤和凌霄攀缘而上。

长在海岸边腐泥里的红树，它们的支根能向上生长，挺立在泥外的空气中。这种根的内部有发达的通气组织，可以让红树的根获得空气中的氧气，这是对腐泥缺氧环境的一种适应。

有些植物的根还能繁殖后代。甘薯的块根上可以形成不定芽，这些不定芽可以长成新个体。银杏等植物可以用分根的方法进行繁殖。

五、植物的花有什么用

你知道吗？ 生物体最基本的特征是新陈代谢和繁殖。后代是生命的延续，也是种族长久存在的保障，繁殖后代才不会因为个体的消失而导致种族灭绝。裸子植物有了原始的花序，被子植物出现了真正的花。花是植物的繁殖器官，是植物进化的标志，有花的植物更能适应环境。

蓝藻是单细胞原核生物，是能进行光合作用的最简单的生物类型。衣藻是能进行光合作用的单细胞真核生物，细胞里有了杯状的叶绿体。以后，苔类、藓类、蕨类、裸子植物、被子植物次第出现，植物类型越高等，细胞分工越严密。到被子植物阶段，植物有了色彩纷呈的、专门进行繁殖的器官——花。被子植物出现已经有大约 1 亿年的时间了。它们因为拥有了真正的花而被称为显花植物。这些美丽的花不仅让地球变得色彩斑斓，也让植物与昆虫的关系更加密切。

从进化上来看，花属于不分支的变态短枝。由花形成有性生殖过程中的雌雄配子，再进一步发育成种子和果实。所以，花是种子和果实的先导，种子和果实是花的最后结局。

花可以美化环境，陶冶情操，这是大家都知道的事实。其实花还有很多其他的重要用途。

现在，虽然可以用化学方法合成一些香精，但一些名贵的香料仍然是从花朵中提取的。比如，玫瑰精油就是世界上最昂贵的精油之一，目前被广泛地用在美容、美体、食品、香水、化妆品等多个领域，是一种用途广泛的天然香精。

有的花农专门栽植茉莉、白兰花等花卉，采收它们的花朵熏制香茶，让茶水带有花的清香，这就是花茶。不同的花茶有不同的保健作用。

有些花有药用价值，如红花、金银花、菊花等；有些花可以作为染料，如凤仙花；还有些花可以供人食用，如金针菜等。

六、植物为什么要结果

你知道吗？ 低等植物通过孢子繁殖。孢子随风飘散，只有极少数的孢子遇到适宜的环境而萌发，多数的孢子都被浪费了。从生物进化的角度看，繁殖成本也是决定物种生存的重要因素。浪费的生殖细胞多，或子代存活率低，都要大大增加繁殖的成本。

植物越高等，繁殖效率也越高。被子植物的种子外面有果皮包被，形成了果实。果实的出现，可以让种子得到更好的保护，也让种子获得更多的繁殖机会。毛榛子的果皮非常坚硬，包在外面的萼片上还长有细密的刺毛，让动物无法采食；西瓜的果肉甘甜多汁，是人类喜爱的水果，所以人们愿意花大力气种植西瓜，使它的物种不断延续；苍耳的果实外面长有许多小刺，让动物无从下口，还可以粘到动物的皮毛上，让它们帮助自己传播种子。

低等植物没有专门的繁殖器官，蕨类植物是在叶子背面的孢子囊里产生孢子，再由孢子发育成新个体的。裸子植物有了专门的繁殖器官——花，但它们的花比较原始，不能叫真正的花，虽然它们能产生种子，但是种子外面没有果皮包被，因而被称为裸子植物。

被子植物有了真正的繁殖器官——花。花里有雌蕊（雌性繁殖器官）和雄蕊（雄性繁殖器官）的分化。被子植物经过传粉、受精之后，由花里的雌蕊或由花的其他部分参与形成果实，果实里有种子。果实不仅可以保护种子，还可以帮助种子传播。蒲公英的果实上长有像降落伞一样的冠毛，白头翁果实上带有羽状柱头，槭树、榆树的果皮展开呈翅状，这些结构都有利于种子的传播。水生植物的果实也可以帮助种子传播。莲的果实被称为莲蓬，呈倒圆锥形，可以漂浮在水面上，使种子随水漂流到很远的地方。鬼针草、蒺藜的果实能通过硬刺粘到动物的皮毛上或人类的衣物上，使它们的种子能随动物或人类的活动到达远方。有些植物的果实在急剧开裂时会产生巨大的喷射力量，让种子散布到更远的地方。例如，喷瓜的果实成熟时，会在顶端形成一个裂孔，借助果实收缩的力量将种子喷到远处。所以果实是植物进化的特征。

七、香蕉没有种子，它是怎么繁殖的？

你知道吗？ 我们在吃葡萄的时候喜欢吃无籽的，吃樱桃的时候喜欢吃个大肉多核小的。有些植物的果实是人类喜爱的食物，但它们的果核或种子对人无用甚至令人讨厌。在这种情况下，那些种子或果核较小，甚至没有种子的品种就会得到大量地繁殖。那么，不产生种子的水果是怎么繁殖的呢？

现在对北方人来说，香蕉也是一种常见的水果了，很多人都有疑问：香蕉没有种子，怎么繁殖呢？下面我们了解一下有关香蕉的知识。

香蕉（图 6-6）是一种热带、亚热带水果。世界上种植香蕉的国家多达 120 个，种植面积仅次于葡萄、柑橘位居第三。年产量约达 7×10^7 t，仅次于葡萄。我国香蕉种植区主要分布在广东、广西、福建、台湾、海南、云南等省，面积约达 1.82×10^5 hm²，

图 6-6　香蕉

产量约达 2.45×10^6 t，仅次于苹果、柑橘和梨位居第四。香蕉果实富含碳水化合物，低钠、高钾、低脂肪，具有特殊香味，是一种深受人们喜爱的水果。

　　香蕉属于芭蕉科芭蕉属。食用香蕉分为香蕉类型、大芭蕉类型和粉蕉类型。现在香蕉的栽培种起源于尖叶蕉和长梗蕉，是由这两个原始种通过杂交后进化而成的。香蕉的染色体基数为 11，如果把尖叶蕉基因组称为 A、长梗蕉基因组称为 B，一般 A 基因产量较高、风味较佳，而 B 基因抗逆性较好，如抗寒性、抗旱性、抗涝性等。香蕉的基因型可分为二倍体的 AA、AB、BB，染色体 22 个；三倍体的 AAA、AAB、ABB、BBB，染色体 33 个；四倍体的 AAAA、AAAB、AABB、ABBB 和 BBBB，染色体 44 个。四倍体香蕉主要是由二倍体经人工培育而成的，这种香蕉比较大口味却不太好，所以栽培的不多。二倍体香蕉产量较低，在生产上的栽培品种主要为三倍体香蕉。在三倍体香蕉中，AAA 和部分的 AAB 风味较好，多以鲜食为主，而 BBB、ABB 和部分的 AAB 风味较差，多以煮食为主。

　　三倍体香蕉由于染色体的配对发生紊乱，从而不能正常地进行减数分裂，不能产生种子，只能通过无性繁殖繁衍后代。香蕉可以用地下的不定芽进行繁殖，也可以用块茎进行繁殖。块茎繁殖很像土豆的繁殖。一般把块茎切成小块，每块质量约 120 g，上带一个粗壮的芽眼，切面涂上草木灰防腐，接着按株行距 15 cm，把切块平放于畦上，芽眼朝上，再覆土盖草，进行施肥管理。

八、植物身上的肿瘤

你知道吗？动物身上长了不断增生的肿瘤，常常会危及生命，植物身上长的肿瘤却一般没有大碍，有些植物的肿瘤甚至演化成它的储藏器官，最后成为人类喜爱的食品。

动物患上癌症，是由于某些细胞变成了不受机体控制的恶性增殖细胞，这些细胞就是癌细胞。由于癌细胞容易扩散和转移，会使动物多个器官因为癌细胞的侵入而出现肿瘤。这些肿瘤和正常细胞争夺营养，挤占空间，导致机体器官的生命活动不能正常进行，最终导致动物死亡。所以动物患上癌症是一件十分可怕的事情。

在一些细菌、真菌、病毒和昆虫的影响下，植物体内也会出现肿瘤。但植物不易受肿瘤的影响，这是因为植物细胞有比较坚硬的细胞壁，这种结构能阻止肿瘤细胞的转移。比如蔬菜肿瘤、红木瘤等都不会发生转移。橡树身上的肿瘤是由昆虫引起的，成了幼虫的窝。不能转移的肿瘤危害就小多了，而且植物的器官并不像动物器官那样有严密的分工和不可替代的作用。在某段根上长个肿瘤，根的吸收功能可以由其他根系完成；在某段枝条上长个肿瘤，茎的运输功能可以由其他部位或其他枝条完成；在某片叶子上长个肿瘤，叶的光合作用可以由其他叶片完成。这样看来，肿瘤对植物的影响远没有动物的严重。

在种子植物中常可以见到各种各样的植物肿瘤。有的植物长了肿瘤后，会表现出生长不良，甚至提前死亡。有的植物的肿瘤对植物生长有好处。例如，大豆的根瘤是由于根瘤菌侵染引起的，根瘤菌能固氮，为大豆的生长提供氮肥，大豆为根瘤菌提供营养。

大豆和根瘤菌建立了一种互利互惠的共生关系。

　　一些昆虫在榆树的树叶上产卵之后，能让榆树的叶片产生叶瘤（图 6-7）。这些叶瘤对榆树没有多大影响，却可以保护虫卵，还能为虫卵提供适宜的温度和湿度。

　　一些高大的乔木如胡杨、云杉、洋槐等身上偶尔会出现肿瘤（图 6-8），这些肿瘤可能与病毒感染有关。这些肿瘤并不影响树木的生存。这些树被砍伐以后，肿瘤部位的木材常有特殊的花纹，所以人们常用植物的巨大肿瘤制作高档家具。

图 6-7　榆树叶片上的叶瘤　　　　图 6-8　胡杨树上的肿瘤

　　从植物进化角度看，萝卜的块根、莲花的莲藕、土豆的块茎、花椰菜的肉质花序，都是某种肿瘤。由于植物肿瘤细胞属于薄壁细胞，适合储存营养，在长期的进化过程中，这些植物的肿瘤变成了有储藏功能的器官，再经过长期的人工选择最后成为人类喜爱的蔬菜。

九、植物的血型

你知道吗？ 人类的血液可以分为 A 型、B 型、AB 型和 O 型。奇妙的是，有些植物也有与人类相似的血型。那么，能不能利用植物为人类输血呢？

对于血型我们并不陌生，人类的血型有多种划分方法，最常见的就是 ABO 血型。为了应付各种突发事件，人类建立了血库，但在紧急情况下血液的供应常常并不充足。相关调查表明，由于种种原因，全国各血库血贮量每年呈下降趋势，而血液的需求量却在上升。于是科学家企图实现自然界其他生物的体液代替血液为人类输血，或干脆完全替代人类血库。

1983 年，一位日本妇女在夜间突然死去。办案的警官发现，死者的血型为 O 型，而留在枕头上的血迹则是 AB 型，因而怀疑死因为他杀。可是，死者所在的房间门窗完好，没有任何他杀的痕迹。警官长期找不到破案的线索，只好找来山本茂法官帮忙。山本茂意外地发现，枕头内的荞麦皮有微弱的 AB 血型反应。死者枕头上的血迹被鉴定为 AB 型，是由于血迹本身是 O 型的，而枕头里的荞麦皮使它显现出 AB 型的特征。最后山本茂得出结论，死者死于自杀。受这件事的启发，山本茂想到，既然荞麦皮有 AB 血型特征，那么其他植物是不是也有血型呢？从此以后，山本茂开始潜心研究植物血型。他对 150 多种蔬菜、水果和 500 多种植物的种子进行了血型化验，结果发现，79 种植物有血型反应，其中有接近一半呈 O 型，其余的为 A 型、B 型或 AB 型。也就是说，植物也能按照人类的血型标准进行分类。例如，桃叶为 A 型，扶芳藤、大黄杨为 B 型，山茶、芜菁等为 O 型，荞麦、李子等为 AB 型。

人类的血型是由红细胞表面的抗原——血型糖决定的，不同类型的血型糖决定了不同类型的血型。植物之所以表现出与人类血型相似的特点，是由于植物体内的某种化合物与决定某种血型的血型糖结构相似，这样就会使植物显示出不同的血型。由此人们想到，能不能利用植物来生产一些人类需要的血液制品呢？后来，法国科学家克洛德·波严德发现，在玉米、烟草等植物体中含有类似于人类血液中某些蛋白质的基因。也有科学家指出，即使植物没有相关的基因，通过基因工程将人体内控制某种血浆蛋白的基因转移到植物体内，植物也能合成与人体一样的蛋白质。如果这项试验成功，利用植物来制造人体的血液制品将成为现实。现在的血液制品一般从动物的血液中提取，程序复杂，成本高昂。如果能从植物体内提取，实现血液制品的工厂化生产，就可以大大降低它的成本。

十、含羞草为什么害羞？紫薇为什么怕痒？

你知道吗？如果别人挠一挠我们的手心、脚心或腋窝，一般人都会痒得受不了。可是，你知道吗，有些树木也像人类一样怕痒呢！

1. 含羞草

人们常说"人非草木，孰能无情"，实际上却不尽然，有的植物也是有"感情"和"知觉"的，含羞草就是其中最典型的一种。

含羞草（图 6-9）原产于南美热带地区，喜温暖湿润的环境，对土壤要求不严，喜光，但又能耐半阴，故可作室内盆花赏玩。含羞草叶细小，羽状排列。用手触小叶，小叶接受刺激后，即会合拢，如震动力大，可使刺激传至全叶，则总叶柄也会下垂，甚至也可传递到相邻叶片使其叶柄下垂，当"风平浪静"数分钟后，它们又恢复如初了，仿佛姑娘怕羞而低垂粉面，故名含羞草。

图 6-9　含羞草

那么，含羞草的叶子是不是真的怕羞呢？当然不是。人们发现，含羞草的运动发生在小叶和叶柄以及叶柄与茎节的连接部位。只要仔细观察，就会发现这些部位有一个比较膨大的部分，叫作叶枕。

在叶枕的中心部分有许多薄壁细胞。薄壁细胞里充满水分，经常胀得鼓鼓的并保持很大的压力，而且下半部比上半部压力大，所以能使叶柄向上挺着。当受到外界刺激时，叶子受到震动，叶枕下部细胞里的水分马上向上部和两侧瞬间排出，于是，叶枕下部就瘪下去了，而上部则鼓起来，小叶和叶柄就垂下去了。当它含羞低头时，各叶枕里的排水变化甚至可以用肉眼观察出来。叶枕原来是淡绿色的，在受到震动后，叶枕下部马上收缩，颜色会忽然变成深绿，而且有些透明，很像一张被水浸湿前后的纸的颜色变化。

小叶运动的原理与此基本相同，只是小叶叶枕上半部和下半部组织细胞的构造，正好与叶柄基部的细胞构造相反，它的下半部比上半部压力小。因此，当受到刺激时，小叶是成对地合拢。

还有像白杜、合欢、酢浆草等植物，在傍晚或光线不充足时，也会产生小叶合拢的运动，其原理与含羞草小叶合拢的原理相似，所不同的，一个是对碰触刺激做出的反应，另一个是对光刺激做出的反应。

有人可能会问：为什么唯独含羞草有这种独特的变化，其他植物怎么没有呢？根本的原因是含羞草有和这种反射活动有关的独特的基因。直接的原因是它有能完成相关活动的特定结构。

那么，含羞草的含羞仅仅是为了给人们看吗？当然不是，这是含羞草对环境的一种适应，因为它原产地在热带，多狂风暴雨，当雨水滴落于小叶和暴风吹动小叶时它即能感应，立即把叶子闭合，保护自己柔弱的叶片免受暴风雨的摧折，植物学上把这种有趣的现象叫作感震运动。含羞草体内的含羞草碱是一种有毒物质，在它含羞时会较多地释放出来，如果过度把玩，长期接触后会使人毛发脱落，也会影响含羞草的生长。所以我们在家里养含羞草，最好只养一盆，含羞草的含羞我们也是少看为妙，它是在向你表明：最好别碰我！

2. 紫 薇

紫薇（图 6-10）又叫痒痒树。因为它树姿优美，花色艳丽，且花期从 6 月一直到 9 月，有"百日红"的美称。宋代诗人杨万里有这

样的诗篇："似痴如醉丽还佳，
露压风欺分外斜。谁道花无红百
日，紫薇长放半年花。"紫薇在我
国中南部地区广为栽培，它还是
河南安阳、湖北襄阳、山西晋城
的市花。

图 6-10　紫薇

紫薇树长大以后，树干外皮
脱落，树身光滑无皮。如果用手
轻轻抚摸一下它的枝干，紫薇就
会马上花枝乱颤，甚至发出"咯
咯"的"笑"声。所以人们都认为
紫薇怕痒，称它为痒痒树。

紫薇怕痒的原因是什么？原来，紫薇树的木质比较坚硬，而
且树根和树梢的粗细差别不大。所以我们用手挠它的树干的时候，
摩擦引起的震动就会通过它那坚硬的木质传到全身各处，引起它
们一起震动。还有，紫薇的花蕾和果实都结在树枝顶部，而它的
枝条又属于柔软细长类型的，所以轻轻一碰，就会出现花枝乱颤
的现象。在紫薇树没有开花结果的时候，我们去挠它，就看不到
它怕痒的现象。

第七章　植物对环境的适应

一、植物的传粉适应

你知道吗？ 那些雌雄异体的动物要进行繁殖，常常需要雌雄个体通过运动来到一起，进行交配或将卵和精子产在一处。植物扎根在某个地方，它们怎么让自己的精子和其他个体的卵细胞结合呢？

植物的花粉中含有精子，它们的有性生殖依赖于花粉的传播，约有三分之二的植物是异花传粉的。这样就得依靠传粉的媒介——风、水、昆虫。

裸子植物（比如油松）的花是风媒花，靠风传粉会造成大量的花粉浪费。与这种情况相适应，裸子植物要保证繁衍后代，就必须产生大量的花粉。可是这样一来，繁殖的成本必然上升。

多数被子植物的花是虫媒花。依靠昆虫传粉可以大大减少花粉的浪费，从而提高了繁殖的效率。这是被子植物比裸子植物高等的表现，也是它们更适应环境的原因之一。但昆虫不会白白地为被子植物传粉，没有回报的事情它们不会做。在长期的进化过程中，被子植物形成了各种各样的引诱昆虫为其传粉的本事，有些已达到了令人惊叹的地步，常见的有以下几种。

1. 优厚的报酬

植物常常靠搭配彩色图案、散发不同气味来吸引昆虫。不同植物散发的气味不同，吸引的昆虫种类也不同。然而，仅靠颜色和气味的吸引是不够的，昆虫们只有得到实实在在的报酬，才会积极地去为植物传粉，所以植物除了准备一部分花粉用于受精之外，还要有一部分花粉和花蜜供传粉者食用。花蜜暴露在外的，往往由甲虫、蝇和短吻的蜂类、蛾类吸取；花蜜深藏在花冠内的，多为长吻的蝶类和蛾类（图

图 7-1   吸食花蜜的长喙天蛾

7-1）吸取。人类收集植物的花粉和花蜜，是因为二者都是富含营养的食品，而这本来是植物给传粉者准备的报酬。

2. 周到的服务

如果传粉者访问了某种植物的花，却发现没有报酬或报酬已经被其他传粉者取走，传粉者就会留下记忆，转而去寻找其他植物的花，以避免徒劳无获。有些"好心"的植物还会通过花色变化提示传粉者花内报酬的现状。当花被传粉者造访之后，花的颜色发生改变，让新开的、含有高报酬的、还未传粉的花更为显眼。例如，未授粉的马兜铃花是直立的，待传粉完成后即下垂。这样，不仅传粉者可以提高觅食的效率，未授粉花的访问也得到了保证，植物也因此受益。

3. 善意的欺骗

兰科是引诱昆虫传粉的佼佼者。它们那艳丽的花朵（图 7-2）光彩夺目，能轻易地引起昆虫的注意，再依靠长期演化形成的特殊本领，就能让昆虫们不计报酬地为它们服务。

图 7-2 兰科植物艳丽的花朵

　　一些兰科植物常常利用多种多样的欺骗手段来吸引传粉者，如足茎毛兰的唯一传粉者是中华蜜蜂，足茎毛兰并不为中华蜜蜂提供任何报酬，但其唇瓣上的黄色斑点与能为中华蜜蜂提供花蜜的光叶海桐的黄色花特别相似。中华蜜蜂常把足茎毛兰的花误认为是光叶海桐的花去光顾，从而替足茎毛兰传递了花粉。

　　还有吊桶兰，其桶状的唇瓣就像是为传粉昆虫设下的圈套。美丽的吊桶兰从两个分泌腺中分泌出糖浆液，引诱传粉昆虫。昆虫为甜汁液所吸引，在钻进花心时，就会滚到"吊桶"中。"吊桶"内又湿又黏，昆虫要想从中逃脱可谓困难重重。待它从蕊柱基部出口挣扎出来时，身上已沾满出口处涂上的花粉，带着花粉的昆虫又接着飞向其他花朵，这样就给吊桶兰传播了花粉。另外，如卷瓣兰属，美丽的长丝状唇瓣随风飘动，为吸引传粉昆虫腐肉蝇的靠近，它还能散发出腐肉般的气味。当腐肉蝇来了以后，就会顺着花瓣往花心里爬。结果花瓣非常光滑，腐肉蝇一下子就掉进花心。那些光滑如镜的花瓣让它无法逃走，只得在花心里来回乱窜。第二天，花粉成熟了，腐肉蝇身上沾满了花粉。此时，花瓣也变得粗糙，腐肉蝇终于离开了这里，而它也就成了卷瓣兰的义务传粉员。芬兰属的兰花有些在夜间散发出芳香，以吸引传粉的夜行性蛾类。原产欧洲的眉兰属则更加有趣，奇妙的姿态和模样活像只昆虫，如蜜蜂或蜘蛛，其中有一种原产英国的蜜蜂兰，形态完全和一只雌蜂一样，同时还散发出吸引雄峰的香味，让雄蜂误以为是雌蜂前来交尾从而为其传粉。留唇兰的花朵也像蜜蜂，不过它不能吸引雄峰前来交尾，而是另有用途。当一朵朵留唇兰花朵在风中摇曳的时候，很容易被真正的蜜蜂当成来犯之敌进行攻击。留唇兰就利用这个机会将花粉粘在蜜蜂身上，让它们为自己义务传粉。由于各种兰花有着各自不同的传粉媒介，产生杂交种的可能性非常低。

4. 温柔的牢狱

马兜铃（图 7-3）的传粉是靠一些小昆虫为媒介的，当花内雌蕊成熟时，小虫顺着花内的倒毛进入花筒基部采蜜，这时虫体携带的花粉就被传送到雌蕊的柱头上。这时小虫无法出去，因为它一后退就被竖起的倒毛关住，花筒基部为昆虫提供了一些花蜜，

图 7-3　马兜铃

让它们温饱无忧，直到这朵花的花粉成熟，花粉散出，倒毛才逐渐枯萎，为昆虫外出留下通道，被囚禁的昆虫才重获自由。由于

昆虫在花朵里来回乱窜，到外出时昆虫的身上已粘上大量花粉。由于昆虫几乎没有记忆力，一会儿工夫就将自己被困的事忘记了，它很快就又被另一朵花吸引，待其进入花心采蜜时，就把花粉带到另一朵花的柱头上去了。

原产欧洲的海芋百合有一个杯状的花瓣，它能散发出腐臭的气味，一些喜欢"追腥逐臭"的甲虫会循着气味爬上海芋百合的花瓣。谁知花瓣表面滑溜溜的，它刚上去就一下滑到花心。想要逃走，花瓣上竖起的倒刺让它知难而退。好在海芋百合在花心里为甲虫准备了甜甜的蜜汁，这让贪吃的甲虫兴奋不已。在它贪婪地吸食花蜜的时候，一定会不小心碰到雄蕊，而这些雄蕊像一个个机关，一碰之后会立即喷射出花粉。一天之后，甲虫身上沾满了花粉，海芋百合花瓣内壁上的倒刺也消失了，花瓣上也不再光滑了，甲虫趁机溜走。当它造访另一只海芋百合花朵的时候，就为它传了粉。

5. 孵化的温床

无花果是常见的观赏植物，我们常常为它不开花却能直接结果感到奇怪。其实它也开花，只是它的花朵藏在肉质的空心球里，我们从外面看不到。那它是怎么传粉受精的呢？其实，它是与昆虫建立了另一种特殊的关系。比如有一种无花果（图 7-4）和一种蜜蜂建立了密切的互惠关系，雌性蜜蜂顺着无花果上的小孔进入无花果内部产卵，这些卵

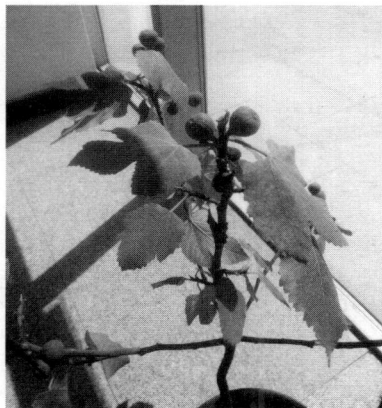

图 7-4　无花果

以无花果的子房作为孵床。雄蜂首先孵化出来，它没有翅膀，所以并不飞走，它们找到正在孵化阶段的雌蜂完成交配，不久就死去了。雌蜂是有翅膀的，它们孵化出来后（已经受精）就顺着无花果的孔道爬出，在向外爬的过程中身上沾满了花粉，然后它们飞走，寻找下一个没有授粉的无花果，在带来花粉的同时，也把卵产在无花果的子房里了。就这样无花果和蜜蜂又开始了新的生命周期。

6. 致命的诱惑

与设置陷阱、采取囚禁传粉者的手段相比，有些植物的手段显得有些残忍，它们通过"谋杀"传粉者以达到授粉的目的。南非有一种莲开着大而艳丽的花（图7-5），散发出香甜的气味，与马兜铃植物相反，它们的花是雄蕊先成熟。在花开的前三四天中，辐射对称的

图 7-5　莲花

花中央密密麻麻的雄蕊已经成熟了，花丝的顶端挂满了花粉和蜜汁，花的中央好像插满了"棒棒糖"，蜜蜂、食蚜蝇、甲虫等小动物纷纷前来造访，它们都会享受到一份甜美的盛宴。当然，这些小动物身上也会沾满花粉。几天之后，这种莲的雄蕊已经没有了花粉，表面变的光滑无比。在花的中心，有一池汁液，池底隐藏着扁而圆的柱头。身上沾满花粉的昆虫又来拜访，刚刚落在雄蕊的顶端，往往还没等站稳就滑了下来，落入了花中心的水池。池子中的汁液里含有一种湿润剂，能让世上最轻的蜂类或蝇类下沉。沉入液体中的传粉者很快被淹死，身上的花粉脱落，沉积在莲的柱头上，完成传粉。

二、喷射花粉速度远超火箭

你知道吗？ 你能想象吗，有一种花喷射花粉的速度竟然比火箭发射速度还快几百倍！这就是加拿大常见的御膳橘。

御膳橘是山茱萸的一种，它的高度一般不超过 20 cm。对于如此矮小的御膳橘来说，如何传播花粉，成了一个大难题，而要想最大限度地传播花粉，它必须利用瞬间的爆发力。御膳橘正是这样做的，它喷射花粉的全过程仅有万分之五秒（0.5 ms）！御膳橘花粉的喷射速度是已知植物界最快的。

科学家们用高速摄像机捕捉到了御膳橘弹射花粉的瞬间，此瞬间的爆发力极强。这样的爆发力能将花粉喷射到 2.5 cm 范围的空气中，再借助野外的风吹送至 1 m 开外的地方，从而大大提高了花粉传播的概率。

御膳橘喷射花粉利用了"投石机原理"。起初，四片花瓣是紧紧地包在一起的，突然，它们闪电般地弹开并立即合拢，在瞬间释放了拉得紧紧的雄蕊花丝。这些花丝相当于投石机的杠杆，花丝的末端则是"投掷物"——一个小小的花粉囊，里面装满了花粉。当花瓣张开后，有弹性的花丝就被拉成了弧形，瞬间的爆发力将花丝末端的花粉喷射出去。

除了直接喷射，御膳橘还利用昆虫来传播花粉。像大黄蜂这样的昆虫，如果落在即将开放的御膳橘花朵上，它们的踩踏就会诱使御膳橘开花。御膳橘喷射出来的花粉粘在昆虫的绒毛上，随着它们去"拜访"更多的同种植物，进行交叉授粉。

三、树木到了秋天为什么会落叶

你知道吗？ 人们常用"秋风扫落叶"来形容温带地区秋天树叶凋零的景象。秋天到了，杨树、槐树等阔叶树的叶子渐渐衰老，随着瑟瑟的秋风，枯黄的树叶便悄然飘落了。你也许会为树叶的飘落而惋惜，但是你可曾想到，落叶恰恰是树木对自然环境变化的一种自我保护性的适应。

天冷了，人们生上火炉，穿上棉衣。可是树木呢？在天寒地冻的季节，留住水分才是来年生存的保证。此时，它们唯有脱尽全身的树叶，来尽量减少水分的蒸发，才能安全地过冬。要不然，天寒地冻，狂风呼号，树根吸收水分已经很困难，而树叶的蒸腾作用却照常进行。你想想看，等待树木的除了死亡还会有什么呢？

叶柄本来是硬挺挺地长在树枝上的。到了秋天，随着气温的下降，在树木产生的脱落酸的影响下，叶柄基部就形成了几层很脆弱的薄壁细胞。由于这些细胞很容易互相分离，所以叫离层。离层形成以后，稍有微风吹动，便会断裂，于是树叶就飘落下来了。

所以，落叶是温带地区的阔叶树为了减少蒸腾作用，准备安全过冬的一种适应。

热带雨林里的高大乔木四季常青，它们的叶子脱落吗？实际情况是，热带的树木老叶次第脱落，同时再依次换上新叶，所以它们的叶子也是不断更换的，但不会像北方的乔木那样每年一次性大量落叶。

四、植物的防卫功能

你知道吗？ 在我们看来，植物的世界是那么和谐、静谧、美好。其实，植物每天都面临动物的采食、践踏、破坏，还要抵御各种各样的病虫害入侵。可以说，植物每时每刻都面对被蚕食、被破坏的危险。为了生存，它们也要进行积极有效的防御。那么，植物是如何进行防御的呢？

1. 物理防御

在干旱地区，植物获得一点水分是十分不易的，动物们还想通过摄食从植物身上获取营养和水分。如果任由它们采食，植物的生存就不能保证。在长期的演化过程中，很多旱生植物的身上长出了尖刺，使掠食的动物不敢轻易接近和践踏。例如，仙人掌科植物近卫柱（图 7-6）的叶退化成了叶刺，既减少了水分的蒸发，又起到了防御敌害的作用，有利于它在干旱的环境下生存。还有松树的针叶，芦荟的边缘带刺的叶子，沙棘的特化成木刺的茎，让草食动物无从下口，能够让很多动物打消掠食的想法。麻叶荨麻（图 7-7）的叶子上布满毛刺，动物接触后会感觉发麻、疼痛，所以它们在山上成簇生长而没有动物采食。

图 7-6　近卫柱

图 7-7　麻叶荨麻

以上说的是对动物的防御，其实空气中还到处都存在着各种各样的致病菌，植物又是如何防御的呢？有的树木枝干表面布满了厚厚的死细胞（树皮的一部分），让致病菌无法生存。有的植物枝叶表面覆盖了一层蜡质，既可以保存水分，又能防止病菌入侵。有的植物茎叶上布满了绒毛，也可以减少致病菌入侵的机会。

2. 化学防御

有些植物如松树、柑橘树能分泌黏稠的树脂（图 7-8），树脂散发出的特殊气味令寄生虫无法安身，也让很多打算以松树、柑橘枝叶为食的动物退避三舍。200 多年以前，瑞典植物学家林奈在拉普兰进行科学考察的时候，当地正流行一种"瘟病"，成千上万的牲畜死亡。林奈仔细研究后发现，导致这种瘟病发生的是一种植物——毒芹（图 7-9）。毒芹的茎叶都含有毒芹碱，可以起到自我保护的作用。如果人误食了毒芹，就会出现头痛、恶心呕吐、手脚发麻的症状，误食过多会全身瘫痪、昏迷，甚至死亡。牛羊误食了毒芹之后，也会出现和人类似的症状。由于当地人不知道病因，没有采取措施避免牛羊继续误食毒芹，导致一批又一批的牛羊相继死亡，人们将这种病误认为是瘟疫，其实只要不让牛羊吃毒芹就可以避免。

图 7-8   树脂

图 7-9   毒芹（刘铁志供图）

好马为什么不吃回头草？是因为经过马啃食的青草会迅速木质化，纤维素增多，让马儿觉得这些啃过的青草艰涩难咽。被啃咬过的青草释放到空气中的化学物质还会令马儿食欲降低，头晕眼花。所以我们看到马儿在吃草的时候一般不走回头路，其实是它的无奈选择。在沙漠里有一种植物叫骆驼刺，因为它含水极少而且又坚硬多刺，一般的草食动物对它无可奈何。骆驼是高度适应沙漠生活的动物，它们的嘴唇和口腔不怕骆驼刺，但骆驼在吃骆驼刺的时候也只能站在上风头，而且吃几口就得换一棵再吃，不然它就会被骆驼刺释放的化学物质熏得头昏眼花甚至晕倒。

此外，植物还能互相传递信息，做到共同防御。两型豆(图7-10)被二斑叶螨侵染后，与其相邻的两型豆也能产生抵御二斑叶螨的化学物质，以减少害虫的啃咬。这是植物之间相互帮助的一个例子。

那么，植物做出这些反应的生理基础是什么？研究表明，植物在长期的演化中具备了能产生"它感化合物"的能力。这些"它感化合物"在植物代谢中不起作

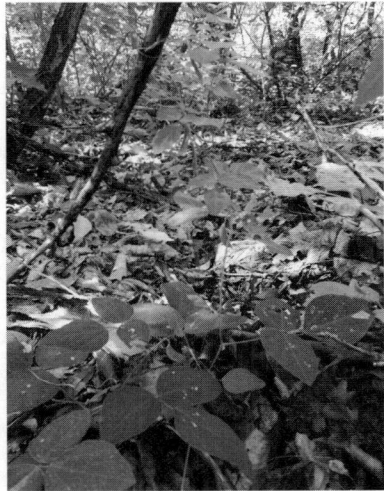

图7-10　两型豆(刘铁志供图)

用，却能在植物防御动物方面发挥重要的作用。"它感化合物"可能是生物碱、氰化物、萜类、糖苷等物质，动物如果摄入了这些物质，轻则伤身，重则致命；"它感化合物"也可以是树脂等让动物闻到就没有食欲的物质；"它感化合物"还可能是蛋白酶抑制剂

等影响草食动物消化的物质，草食动物在摄食"它感化合物"以后消化不良，腹痛腹泻，这让它们再也不敢轻易摄食这类食物；"它感化合物"还可以是一些挥发性的类似于信息激素的化学物质，一棵植物受到草食动物的啃咬摄食，附近的其他同种植物就能收到它发出的化学信号，并迅速产生让细胞木质化、让细胞产生毒素等的变化，等草食动物过来摄食时，让它们感到口味变差，甚至头昏眼花，就无心摄食而离开了。

3. 间接防御

前面我们讲的植物防御策略都属于直接防御。直接防御虽有一定效果，但需要消耗大量的物质和能量，而且时间长了也会造成草食动物做出适应性反应。所以，植物要防止草食动物的侵害，仅靠直接防御是不行的，通过长期的演化很多植物有了间接防御能力。例如，玉米受甜菜夜蛾幼虫危害后，释放出萜类、吲哚等化合物，吸引小茧蜂在甜菜夜蛾幼虫体内产卵，导致甜菜夜蛾因繁殖率降低而减轻对自己的危害。有些植物能够避开昆虫活动的高峰期，早早地开花结果，避免昆虫的采食。有些植物能一次性产生大量的种子，即使被动物吃掉了很多，仍然能够留下一些作繁殖之用。例如，橡树结橡子就非常特殊，它们并不是年年结果，而是间隔几年突然产生大量的橡子，让松鼠等动物吃也吃不完，留下来的橡子就可以生长成新的橡树。在接下来的几年里橡树不再生产橡子，这就防止了松鼠对橡子的依赖，以利于下一次繁殖。

4. 合作共赢

长期的演化，让某些植物与动物建立了合作共赢的关系。洋槐分泌糖分吸引蚂蚁，蚂蚁为了安全和取食方便就住在洋槐的树洞里。同时，蚂蚁也会帮助洋槐驱赶前来采食树叶的昆虫。

　　在巴西热带雨林里，有很多动物都是专门啃食树叶的草食动物，有一种名叫蚂蚁树的桑科植物却有对付这些草食动物的好办法。它的花叶能产生蜜露，吸引一种益蚁住在自己中空的茎秆里。茎秆就像笛子一样，在侧面有许多小孔，这是益蚁在蚂蚁树上开凿的进出通道。这样，蚂蚁树既给益蚁提供食物，又给它们提供休憩繁殖的巢穴，这里就成了益蚁的家园。当啃咬树叶的其他动物来临的时候，益蚁就会倾巢出动，群起而攻之，把这些动物赶跑。即使大型草食动物遇到一群蚂蚁的攻击也往往不胜其烦，只好拔腿离开，这就是蚂蚁树的生存策略。

　　在亚马孙河流域的原始森林里，有一种植物叫日轮花。日轮花长得非常娇艳，它能发出像兰花那样诱人的阵阵芳香，但比兰花的花香还要浓郁，在很远的地方都能闻到。如果有动物被它的花香吸引前来采蜜，就会被它那细长如鹰爪一样的叶子牢牢缠住。此时，躲在日轮花旁边的黑寡妇蜘蛛就会蜂拥而至，这种蜘蛛能分泌神经毒素，动物被它咬伤后会很快毙命。黑寡妇蜘蛛吃了动物之后，它们的粪便就成为日轮花的肥料，所以日轮花和黑寡妇蜘蛛是互利互惠的关系。如果人不慎碰到了日轮花，也很可能会像动物那样被黑寡妇蜘蛛毒死。所以当地的土著居民都知道日轮花的厉害，看见它就会远远地避开。

　　古巴有一种棕榈树名叫蝙蝠棕。蝙蝠棕上部的叶片非常繁茂，向上生长。下面的叶片则略显干枯，向下低垂。蝙蝠是昼伏夜出的动物。它们晚上出去觅食，白天寻找安全的地方休息。蝙蝠棕高达 14 m，树干上枝叶交错，一般的肉食动物爬不上去。下部的叶片间隙正好可以给蝙蝠提供休憩场所。到了傍晚，蝙蝠活跃起来，纷纷飞走。此时，正好到了燕子休息的时候，有大批的燕子飞到棕树上过夜。到了清晨，燕子起床，蝙蝠又来了。蝙蝠和燕子的粪便掉落在棕树下面，时间长了竟可厚达 30 cm，为棕树提供了丰厚的肥料。

5. 丢卒保车

如果动物体内感染了细菌、病毒等病原体，体内的免疫系统就会马上行动起来，消灭这些病原体。倘若植物受到了病原体的侵害，它也会马上做出反应。它会在侵染点周围形成木栓层或胶质层，就像是构筑了防御病原体扩散的城墙，将病原体固定在某一区域，进而分泌一些化学物质将其消灭。除此之外，植物会在病原体侵入后产生过敏性反应，形成坏死枯斑，一段时间后甚至能从植物体上脱落下来，这样植物以牺牲掉自己身体的一小部分为代价，遏制了病原体的扩散和发展，维护了整个机体的健康。

五、植物如何争夺地盘

你知道吗？ 动物对领地的争夺非常明显，我们可以通过观察研究总结出其中的规律。植物不能运动，我们也看不到争夺打斗的场景，看起来一切都是那么静谧美好。那么，植物之间是不是就没有竞争呢？

在一片没有土壤的裸露的岩石上，只有地衣能够生长。地衣能分泌地衣酸，地衣酸能腐蚀岩石让岩石分解。经过千万年的作用，表面的岩石变成了土壤。有了土壤，草本植物就能在这里生长了。此时，地衣就会因草本植物的到来而被淘汰。最初占据这片空间的是喜光、耐贫瘠的草本植物。经过很多年之后，土壤比原来肥沃一些了，此时一些多年生草本植物逐渐成了优势种。然后小灌木取代多年生草本植物成为优势种，再然后出现了乔木，最后演替成为森林。这就是植物群落演替的一般规律。根据这个过程我们可以看到植物之间的合作与竞争。

我们如果观察一些木本植物，就会发现，有的灌木下面有草生长，有的灌木下面没有草生长。这是为什么呢？原来，有草生长的灌木其根系都很发达，它们通过强大的根系从土壤深处获得需要的水和无机盐，地表土壤的营养对它们来说是没用的。所以它们会"允许"草本植物长在自己下面；有些灌木的根系不发达，需要利用地表土壤里的水和无机盐，所以它们"不允许"草本植物长在自己下面。那么，它们是怎么做到这一点的呢？原来，每一种植物在生长的时候，都会向土壤中分泌一些化学物质。这些化学物质就起到保护自己、排除异己的作用。

落叶松（图 7-11）能通过另一种方式将竞争者赶走。它们一方面分泌松脂避免动物啃食枝干，另一方面通过落叶占领地表空间。成年落叶松下面会堆积厚厚的、像毡子一样的松针。这些松针彼此交错连接，非常致密，草

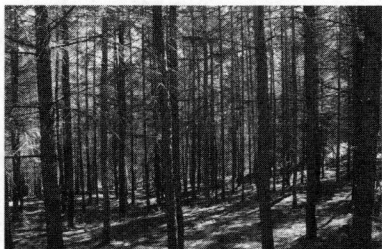

图 7-11　落叶松

本植物在这里很难生长。这样，落叶松就可以保证自己"独享"这片土地。厚厚的松针能保证地表土壤不会随雨水流失，还能将雨水储存起来，改善局部气候条件，使落叶松能抵御干旱。

六、陆生植物对环境的适应

你知道吗？地球上的陆地广袤无垠，生态环境复杂多变。有高山，有峡谷；有沙漠，有草原；有常年积雪的南北两极，也有烈日炎炎的赤道。在不同地区，生活的植物类型不同，在同一地区，植物也有不同的生存方式。那么，植物对陆地环境的适应性表现有哪些呢？

在陆地生活的植物，首先要解决的是如何站立起来的问题。那些高大的树木，会在树干里形成坚硬、致密的木纤维，来支撑庞大的身躯，使之在狂风暴雨的袭击下也能屹立不倒。那些矮小的草本植物，如小麦、玉米，体重比较小，生命周期也短，它们的茎秆就比较细，茎秆里的纤维比较有韧性而且很柔软，这可以使它们在风吹雨淋时不易被摧折。

陆生植物的根和茎都有厚厚的表皮包着，防止水分的流失，内部有发达的输导组织——导管和筛管。导管负责从根部向枝叶运输水和无机盐，筛管负责将叶片制造的有机物运输到根部。植物需要从土壤中吸收水和无机盐，所以陆生植物一般都有发达的根系。

不同地区的土壤条件不同，降水多少差别很大，在地球上的气候带有差别，还有地球上地形复杂多样，有高山、有河流、有湖泊、有沙漠，这就造成陆生植物生活环境的千差万别。与这些环境相适应，陆生植物又可以划分为多种类型，主要可以分为湿生、中生、旱生三种类型。

陆生湿生植物一般生活在阳光充足、土壤水分饱和的沼泽地区或湖边，常见的有莎草科、蓼科和十字花科的一些种类。由于生活环境中的水分充足，这些植物根系不发达，没有根毛。由于长期浸泡在水里，这些植物的根与茎之间有通气组织，以保证根系获得充足的氧气。由于适应阳光直接照射和大气湿度较低的环境，其叶片上常有防止蒸腾的角质层，输导组织也比较发达。

中生植物就是介于湿生和旱生之间的类型了，这个我们就不展开叙述了。下面我们主要介绍植物对干旱的适应。

1. 热不死的植物——植物对暴晒的适应

动物在天热的时候会藏在洞穴里，躲到树荫下，或躲进凉爽的水中。植物没有腿，天气再热，它们也得老老实实地站在太阳下。在沙漠里，夏季最高温度可达 50 ℃，太阳直射地面的气温可达 70 ℃。在这样的环境中，很多植物都练就了忍耐骄阳、减少水分散失的本领。

原产非洲的光棍树（图 7-12）在雨水丰富的时候会长出叶子。在干旱季节的时候，它的叶子就

图 7-12 光棍树

会脱落，整棵树无花无叶，只剩下一根根光秃秃的枝条，最大限度地减少水分散失，所以被人们戏称为光棍树。它的树枝细胞里含有叶绿体，可以进行光合作用，这样没有叶片它也能制造养料生存。光棍树没有叶子，通风情况就更加良好，可以让身体表面的热量迅速散失，这样它即使长时间站在烈日下也不用担心体温

升高。

那些长叶的植物也有对付强光的办法。天气越炎热，叶片通过蒸腾作用散失的水分越多，这就像人在天气越热的时候出汗越多一样。在热带雨林里，植物通过强大的蒸腾作用为自己降温，保证不被烈日灼伤。在早晚阳光不强的时候，它们会让叶片正对着阳光，以吸收更多的光进行光合作用。在阳光强烈的夏季中午，它们会让叶片与光照方向的角度变小，避免阳光直射。在叶肉细胞里一般有几十个到几百个叶绿体，它们也能根据光线强弱调整自己的姿态。光线弱的时候叶绿体会正对着阳光，与光照方向垂直，以吸收更多的阳光；在光线强的时候，叶绿体会略微倾斜，避免烈日灼伤。

为了对付强光，很多植物的茎、叶的表面都有一层蜡质，比如我们常见的橡皮树（图7-13），它的叶片常年不落，表面有一层光亮的蜡质。这层蜡质不但能防

图 7-13　橡皮树

止水分过度散失，还能将强烈的阳光反射出去，这也是对自身的一种保护。

2. 旱不死的植物——植物对干旱缺水的适应

植物体内最多的成分是水。一般植物在生长期间所吸收的水量，相当于它自己体重的 300 倍到 800 倍。一株向日葵，一个夏天要吸收 250 kg 左右的水。一株玉米，一个夏天也要消耗 200 kg 左

右的水。蔬菜需要的水就更多了。如果一亩地长了 1.5 t 白菜，就要消耗 1 200 t 的水。可是，并不是所有植物都生活在水分充足的地区。生活在干旱地区的植物通过长期的演化已经成功地适应了这种缺水的环境。有人做过一个有趣的试验：把一棵 37 kg 的仙人球放在室内，一直不浇水。过了六年，仙人球仍然活着，而且还有 26.5 kg 重。

在我国北方山区有一种麻叶荨麻，它能生长在山崖下面的碎石堆里。这里含土少，保水能力差，其他植物无法生存，而麻叶荨麻却能在这里正常生长。一场春雨之后，它们就会从石缝里伸出嫩芽，以后如果天气干旱少雨，它们也不会枯死。等夏天雨季来临之后，它们就会迅速生长，开花结籽，最后能长到 2 m 高。它的叶背面和叶柄上布满细小的毒刺，动物如果不小心碰到，会感到发麻、疼痛，所以它虽然叶片浓绿，成簇生长，却没有动物采食。有时它的种子被人携带到农田里，它也能迅速生根发芽，如果不及时将它连根铲除，将很难清除。曾有农民将麻叶荨麻连根拔起挂在树上，3 年之后它被风吹落到地上，又生根发芽了，可见麻叶荨麻的耐旱能力是非常强的。

非洲沙漠里的沙那菜瓜被认为是世界上最耐干旱的植物，有人把它贮藏在干燥的博物馆里，整整 8 个年头，它不但没有干死，还在每年的夏天长出新芽。在这 8 年中，仅仅是质量由 7.5 kg 减少到 3.5 kg。这种耐旱的本领，在所有的种子植物中无疑是冠军了。

在我国西北、华北地区，有许多沙漠、戈壁，还有退化的草原，这些地区生长的植物由于长期生活在干旱环境里，形成了独特的适应方式。研究这些旱生植物，不仅可以了解它们的生命活动规律，也可以帮助人们更好地治理退化的草原，改善那里的气候环境，提高当地人民的生活水平。

在内蒙古、甘肃、宁夏、青海、新疆等地的荒漠中，很多耐旱植物顽强地生存着。这些植物耐旱，耐寒，抗盐碱，防风固沙，能使周边草原得到保护，在维护生态平衡上起着非常重要的作用。在沙漠里常见的耐旱植物有梭梭、罗布麻、沙棘、胡杨、沙生芦苇、沙生柽柳、沙拐枣、甘草、骆驼刺等。

干旱地区的植物都有自己独特的保水抗旱能力，下面让我们了解一下。

景天科植物瓦松（图 7-14）喜光耐旱，常生长在向阳的岩石缝隙或屋顶的瓦缝里。在雨季来临的时候，它就将水分储存在自己的肉质茎里，趁机吸足水分。同时它迅速生根发芽，长成植株，产生后代。雨季过去的时候，它也完成了使命，枯萎死去了。

图 7-14   瓦松

旱生植物的叶子表面增生了许多表皮毛或白色蜡质，以减少水分的蒸发，加强对阳光的反射。例如，沙漠中生活的沙枣，它除了老枝是栗色外，全身其余部分都是银白色，特别是叶子的正反面都有浓密的白色表皮毛（反面更密）；这种叶子还能分泌白色的蜡质，形成薄薄的鳞片，以减少水分的散失。沙枣能在沙漠中顽强地生活下去，所以是防沙造林的优选树种。

植物对干旱适应的另外一种方法是叶子表面积尽量缩小，甚至退化。例如，松树的叶子变成针状，仙人掌的叶子变成刺状，光棍树的叶子退化成鳞片状，等等。叶子变小或退化了，植物还能进行光合作用吗？事实上它们进行得很好，如针形叶，虽然叶的面积大大缩小，但叶的数量却大大增加，而且针叶之间的缝隙也能透光，结果反而增强了光合作用。有些叶子退化了的植物，它们的茎变成绿色，内含叶绿体，而且体积膨大成肉质状，表皮角质化，这样的茎既可进行光合作用，又可贮存大量水分，还能减少水分蒸发。此外，很多旱生植物在干旱季节可以进入新陈代谢极为缓慢的休眠状态，减少了营养和水分的消耗，这是它们在长期的生存斗争中获得的适应性。

　　旱生植物的根系也变得十分发达，如沙棘的根可达地上部分高度的5～6倍，能从很深的地下吸收水分。

　　有些旱生植物演化出一套独特的代谢途径，这也是在干旱环境中生存的一种策略。例如，仙人掌、凤梨和长寿花，它们在晚上凉爽时打开气孔，吸收 CO_2 并将其转化成固态化合物贮存起来。到了白天天气炎热时，就将气孔关闭，然后将晚上合成的固态化合物分解，释放出 CO_2 进行光合作用。这样既保证了光合作用的需要，又在天热时关闭气孔避免了水分的过度散失。

　　下面我们重点介绍几种旱生植物。

　　(1)梭梭对干旱的适应

　　梭梭(图7-15)又名琐琐，是藜科小灌木，主要分布在我国内蒙古、新疆、青海、甘肃及宁夏等地。梭梭生活在降水稀少的荒漠地带，有发达的根系和防止水分过度散失的身体结构。

　　干旱的自然环境使梭梭的根系非常发达。它的地上部分只有1～4 m，而地下的主根可深入地下10 m，侧根在水平方向的扩散直径为5～10 m，而且它的侧根还长成了上、下两层。因此，梭梭能够在很大范围内吸收水分。

梭梭靠绿色的嫩枝进行光合作用，它的叶已经退化成了细长的圆棍。在梭梭的枝干表面，还覆盖着一层光亮的蜡质，既可以防止体内的水分过度蒸发，又可以反射强烈的阳光。在沙漠地区，夏天极热，冬天极冷。夏天，梭梭在气温高达 43 ℃而地表温度高达 70 ℃甚至 80 ℃的情况下，仍能正常生长。冬天，沙

图 7-15　梭梭(刘铁志供图)

漠里气温可以降低到零下 50 ℃，梭梭也不会被冻死。梭梭还有一种特殊的本领，那就是具有冬眠和夏眠的特性。在夏天长期炎热、干旱无雨的时候，或冬天极度寒冷的时候，梭梭都可以进入代谢极为缓慢的休眠状态。此外，梭梭的抗盐性也很强，在土壤含盐量 0.2％～0.3％的半固定沙丘上，其他植物无法生长，梭梭却特别适应这样的环境。在含盐量 0.13％以下的肥沃土壤里，多数植物都能正常生长，梭梭反而生长不良。

梭梭材质坚硬而脆，含水量极低，易燃而且产热量高，火力稍逊于煤，有"荒漠里生长的活煤"的美称，是优良的薪炭材。在过去几十年的时间里，由于人口迅速膨胀，梭梭被当作薪材被大量砍伐，导致我国西北干旱地区的梭梭林数量锐减。此外，在梭梭根部常寄生有传统名贵中药肉苁蓉，肉苁蓉具有较高的经济价值，人们乱采滥挖肉苁蓉的活动，也造成了梭梭林大面积的

消失。

梭梭可以通过种子繁殖，它的种子落地后，只要有一点点水分就能在几小时内萌发。可惜的是它的种子存活时间只有几小时，如果在这几小时里遇不到含水的沙地就会死亡，所以梭梭的种子堪称植物界寿命最短的种子。

由于长期不合理的放牧、樵采及挖掘肉苁蓉，目前梭梭林被破坏得非常严重，梭梭的分布面积越来越小，已经被列为渐危物种，属于国家二级保护植物。

（2）仙人掌对环境的适应

仙人掌是我们常见的观赏植物。在分类学上属于仙人掌科，它的成员至少在两千种以上。美洲墨西哥是仙人掌的故乡，这里素有"仙人掌王国"的美称。当地人把仙人掌当作水果，将它誉为"仙桃"。在墨西哥的国徽上，一只嘴里叼着蛇的雄鹰伫立在一棵从湖中岩石上长出的仙人掌上。

相传，最初住在墨西哥西部海岛上的印第安人——阿兹特克人从 8 世纪中叶开始便向墨西哥谷地迁徙。这个部落的战神是威济波罗奇特利。有一天，战神对阿兹特克人说，如果你们发现有一只站在仙人掌上而且嘴里叼着一条蛇的老鹰，那个地方就是适合你们定居的处所。后来，部落里的人真的找到了这个地方，于是他们在这里建立起自己的家园——墨西哥城。

仙人掌大多生长在干旱的环境里。有的呈扇形，有的呈柱形，最高可达 10 m，质量约 10 t，蔚然成林，非常壮观。那些长着棘刺的仙人球，寿命可超过 500 年，可长成直径 2～3 m 的大球，人们常常用它那柔嫩多汁的茎肉解渴充饥。

作为在干旱地区生活的植物，仙人掌有许多独特的适应方式。

仙人掌的茎表面，覆盖着一层蜡质，可以减少水分的散失。仙人掌的叶退化成刺，可以大幅度降低水分散失。仙人掌那肥厚的肉质茎可以储存很多水分，还含有叶绿素，可以代替叶进行光合作用。有些仙人掌类植物的根系特化成胡萝卜状的块根，可以贮存 $35\sim40$ kg水分。在干旱季节，它可以进入代谢非常缓慢的休眠状态，以降低养料与水分的消耗。当雨季来临时，它们又迅速地"苏醒"过来，通过根系吸收大量的水分，使植株迅速生长并很快地开花结果。仙人掌以它那独特的适应方式，惊人的耐旱能力和顽强的生命力，受到人们的赞赏。

千姿百态的仙人掌还是人们喜爱的观赏植物，被人们称为"有生命的工艺品"，我们经常可以在公园、单位、家庭里看到仙人掌。此外，经研究证实仙人掌具有一定的药用价值。

(3)胡杨对沙漠环境的适应

胡杨，又称胡桐，杨柳科胡杨亚属的一种落叶乔木。胡杨(图7-16)在地质历史时期属于第三世纪残余的古老树种，在地球上已经存活了6 000多万年了。

图 **7-16**　胡杨

世界上的胡杨主要分布在中国，90％分布在新疆的塔里木河流域。胡杨的生命力非常强，能忍受荒漠中长年干旱少雨的严酷环境。刚冒出地面的小胡杨就能拼命扎根，长大后它的根可以扎到地下 10 m 深的地方吸收水分，地上部分则可以长到 $15\sim30$ m 高。胡杨的繁殖能力非常强，能从根部萌生幼苗，逐渐扩大自己的种群。此外，胡杨的寿命也非常长。当它衰老时，顶部的枝杈枯萎脱落，下面却依然枝繁叶茂，生机勃勃，直到降低到三四米高时依然保持旺盛的生命力。所以经常有人这样赞美胡杨：活着千年不死，死了千年不倒，倒了千年不朽。

胡杨还能耐受沙漠地区的盐碱。首先，它的细胞有特殊的功能，不受碱水的伤害。其次，胡杨能通过茎叶的腺体分泌盐分，在树干的结疤和裂口处能大量地排泄盐分。经测定，这种盐分主要是小苏打（俗称面起子），纯度为 $57\%\sim71\%$，当地居民常用它来发面蒸馒头。一棵成年的胡杨树一年可以排出数十千克的盐分，所以它还为当地土壤改良做出了贡献。

胡杨全身是宝。它木质坚硬，耐水抗腐，是优良的建筑材料；枯枝是沙漠里上等的燃料；树叶可以作为牛羊的饲料。胡杨还有重要的环保价值。胡杨林是沙漠地区非常珍贵的森林资源，可以防风固沙，保持水土，改良土壤，调节气候。

3. 冻不死的植物——植物对寒冷的适应

很多植物能适应寒冷的环境。松树的松针能在零下 20 ℃正常呼吸，杜鹃的越冬花芽在零下 30 ℃仍保持着旺盛的生命力，地衣在接近绝对零度（零下 273.15 ℃）也不会被冻死。

在喜马拉雅山、天山等高海拔、高寒冷地区，气温极低，空气稀薄，阳光强烈，终年积雪。在这种环境中生存的植物，面临的主要威胁是阳光太强和温度太低。我们看到高山雪莲的叶子紧贴地面，并长有白色絮状表皮毛，这样的叶子既可防止高山疾风吹袭，又能吸收地面热量，防止热量散失，还可反射强烈的紫外线。依靠这种特殊的适应性结构，它们顽强地生活在高山的恶劣环境里。

　　无独有偶，在四川西部、云南西北部和西藏东部海拔 4 000～
5 000 m 的流石滩上，有一种身披长长的白色绵毛的怪异小草，能
在积雪和残冰缝隙中顽强地生存。看它那矮墩墩的、上半截像一
堆棉花糖似的模样，很难让人把它与其同族兄弟——天山雪莲相
联系，但采药者都知道它具有某些与天山雪莲相似的功效，因此
对它格外青睐。植物学家根据这类植物奇特的外形，给它起了一
个形象的名字——绵头雪兔子。绵头雪兔子的生活环境非常严酷，
它要忍受生长过程中几十个日日夜夜的严寒和强太阳辐射的考验。
植物学家经研究发现，它身上的白色绵毛起到了重要的防护作用。
这种毛由死细胞组成，细胞中的原生质体已经解体和消失，取而
代之的是纯净的空气。这种充满气体的毛呈现白色，具有很强的
反光作用。在晴朗的白天，它们可以保护植物体不被阳光灼伤；
而到了寒冷的夜晚，这些细密的绵毛又像穿在植物身上的羽绒服
一样，有效地起到了保持体温的作用。

　　在南美洲中部的沼泽地里，有一种臭菘的花朵能冒寒绽开。
臭菘为佛焰花序，花期 14 天左右，花苞内始终保持着 22 ℃的温
度，比周围的气温高约 20 ℃。臭菘需要产生大量热量维持它与环
境之间的巨大温差。植物学家经过研究发现，它的花中有许多产
热细胞，就像鸟类的翅膀和动物的心脏一样要消耗大量的能量。
与之相适应的是，这些细胞代谢极为旺盛，能迅速氧化葡萄糖，
释放出大量热量。臭菘的花虽然有臭味，却是理想的"御寒暖房"，
引诱着昆虫飞去群集。植物学家认为，臭菘产热改变了它周围的
小气候，促进了花的气味的挥发，吸引昆虫前去传粉，使它获得
了更多的繁殖机会，这是它对寒冷环境的一种适应。

4. 咸不死的植物——植物对盐碱环境的适应

人们发现，很多植物无法在盐碱地里生存。把植物组织浸在一定浓度的盐水里，植物细胞就会因失水而发生质壁分离，时间一长就会导致植物萎蔫，细胞死亡。一般来说，当土壤里含盐量较高时，多数农作物就很难生长，只有少数特别耐盐的盐生植物能够生长。那么，盐生植物到底是如何适应盐化土壤的呢？根据研究，人们发现这些咸不死的植物都有自己独特的本领，在抵抗盐碱时能各显神通。

胡杨、柽柳（图7-17）和瓣鳞花等植物属于"泌盐植物"。它们的茎叶密布着泌盐腺，在盐碱环境中生活时茎叶上会冒出一颗颗液珠，把从盐碱地中吸收的过多盐分排出体外，就像人出汗一样。瓣鳞花和胡杨能把吸收的盐分溶解在自身体内的水分中，通过叶子表面分泌出去（图7-18）。等水分干了，盐的结晶会留在叶面上，风一吹便纷纷散落下来。

图 **7-17** 柽柳（尚建科供图）

图 **7-18** 胡杨叶子背面的盐腺

有些植物能够忍受高浓度盐碱而正常生存，这类植物被称为忍盐植物。它们把根吸收进来的盐分排到液泡（盐泡）里，同时还能阻止盐分再回到原生质里，所以人们又称它们为聚盐植物，如碱蓬、盐角草等。一般植物在含盐量 0.5% 以下的地方才能生存，而盐角草（图 7-19）能生长在含盐量 0.5%～6.5% 的高浓度潮湿盐沼中。由于这类植物细胞里含盐分较多，浓度大，所以能从土壤中吸收到别的植物难以吸收到的

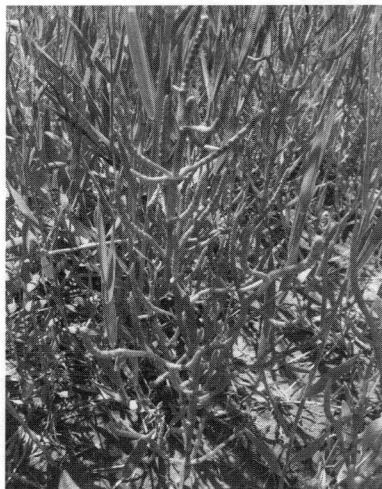

图 7-19　盐角草（刘铁志供图）

水分，或者说土壤里的水分子更容易进入植物体内。所以，它们是盐生植物的佼佼者。

　　还有的植物虽然生长在高盐碱土壤里，但它们天生就有抵抗盐碱的本领，它们的根不吸收或很少吸收盐分，能把盐分拒之门外，这类植物被称为拒盐植物。拒盐植物的根部细胞中积累有大量的可溶性碳水化合物，以提高渗透压，使根细胞有很强的吸水能力。另外，它们的细胞膜对盐分透性很小，犹如一道天然的屏障，把盐分拒之体外，这样根系在吸收水分时，可以不吸收或少吸收盐分，所以不会受到盐的侵害。例如，长冰草、海蒿等植物就有这种奇妙的本领。

第八章　植物的进化与化石

　　平时受人们关注的是动物的进化，其实地球上的植物也有高等和低等的区分，每种植物都有一部不同寻常的进化史，都是经过漫长的地质年代进化而来的。下面让我们来了解一下。

一、为什么花是红的果是圆的

　　你知道吗？ 植物的花和果实为什么会五颜六色？这些颜色是怎么进化来的？为什么大多数的果实都接近圆形，它们为什么不长成方形、三角形等其他形状？

　　我国著名的科普作家贾祖璋先生曾经在其作品《花儿为什么这样红》中从各个角度阐述了花的颜色问题。下面我们节选与植物进化相关的部分来赏析一下。

　　花儿为什么这样红？从进化的观点来考察，它有一个发展的过程。裸子植物的花是原始的形态，都带绿色，而花药和花粉则呈黄色。在光谱里面，与绿色邻接的，长波一端是黄、橙和红，短波一端是青、蓝和紫。我们可以说，花色以绿色为起点，向长波一端发展，由黄而橙，最后出现红色；向短波一端发展，是蓝色和紫色。红色应是最晚出现的花色，在进化过程中居于顶峰，最鲜艳，最耀眼。

　　花儿为什么这样红？从达尔文的自然选择学说来看，昆虫起了到重要的作用。亿万年前，裸子植物在地球上出现的时候，昆虫还不多。裸子植物花色素淡，传粉受精依靠风力，全部是风媒花。后来出现了被子植物，昆虫也繁盛起来。被子植物的花有了花被，更分化为萼和花冠（花被和花冠通称花瓣）。花瓣不再是绿色，而是比较显眼的黄色、白色或其他颜色。形状也大了，有的生有蜜腺，分泌蜜汁，有的散发芳香，这就成为虫媒花。"蜂争粉蕊蝶分香"，昆虫帮助花完成传粉受精的任务。昆虫采蜜传粉，有一种特殊的习性，就是经常只采访同一种植物的花朵。这个习性有利于保证同一种植物间的异花传粉，繁殖后代。这样可以固定种的特征，包括花的颜色。我们可以设想，假如当初有一种植物，花色微红，其中红色比较显著的花朵，容易受到昆虫的注意，获得传粉的机会较多。经过无数代的选择，在悠长的岁月中，昆虫就给这种植物创造出纯一、显著、鲜艳的红色花朵。昆虫参与自然选择，造就出各种不同的植物，也造就出各种不同的花色。

花儿为什么这样红？最后要归功于人工选择。自然选择进程缓慢，需要很长时间才能显示它的作用。人工选择大大加快了它的进程，能够在较短时间内取得显著成果。例如牡丹，由自然选择费了亿万年才出现野生原种，花是单瓣的，花色也只有粉红的一种。经过人工栽培，仅就北宋中叶（11 世纪）那个时候来说吧，几十年工夫就由单瓣创造出多叶、千叶（重瓣）、楼子（花心突起）、并蒂等各种不同的姿态；由粉红创造出深红、肉红、紫色、墨紫、黄色、白色等各种美丽色彩。再如大丽花（图 8-1），原产墨西哥，只有八个红色花瓣。人工栽培的历史仅二三百年，却已有千种形状、颜色不同的品种。又如虞美人（图 8-2），经过培养，已有红、黄、橙、白等颜色，却没有出现过蓝色。美国的著名园艺育种家浦班克，发现一株花瓣上好似有一层迷雾的虞美人，经特意培养，育成了各种深浅不同的蓝色虞美人，为花卉园艺添加了新的色彩。

图 8-1　大丽花（刘铁志供图）　　　　图 8-2　虞美人（刘铁志供图）

通过以上分析，我们不难看出，花的颜色进化也遵循着物竞天择的规律。经过亿万年的演变，花儿们终于形成了姹紫嫣红、色彩缤纷的局面。

那么，为什么大部分水果是圆形的呢？我们也试着用进化的观点来分析。

一般认为，外表形状是圆球形的水果所承受的风吹和雨打的力量比较小；另外，圆球形水果表面积小，水果表面蒸发量也就小，水分散失少，有利于水果果实的生长发育；再者，表面积小使得害虫立足之处也少，水果得病机会就少了。

相反，如果水果长成正方形，或其他不规则形状，水果表面积大了，就会受到较大的风雨作用力，就会散失较多的水分，就会受到较多害虫的侵袭。这样，它的成活率就低。圆球形水果长大长熟的多，其他形状水果死去的多。长期这样，其他形状的水果被淘汰了，保留下来的水果大多都是圆球形的。这是自然界长期选择的结果，正符合"适者生存，不适者淘汰"的规律。

二、沧海桑田的演化——化石浅谈

你知道吗？ 每一种生物的寿命都是有限的，在生物死亡之后，它们的遗体会很快腐烂，消失。从地球诞生到现在大约46亿年来，无数的物种诞生之后又消失了，在世间没有留下任何痕迹，但也有个别的生物死亡之后在极偶然的情况下形成了化石。化石让我们看到了生活在亿万年前的生物的形态结构，是我们了解和研究古代生物的一部"天书"。

1. 什么是化石

化石（图 8-3）是埋藏在地层中的古代生物的遗体、遗迹或遗物，比如恐龙的骨骼化石、恐龙的足迹化石、古人类留下的饰物、灰烬，等等。生活于过去的生物体的坚硬部分，如动物的骨骼、牙齿、硬壳等，植物的叶、树干，都可以经石化作用而形成化石。

图 8-3　化石

也有些罕见的化石如西伯利亚冻土层中的猛犸象，在煤层的琥珀中所含的昆虫，美国西部沥青层中的各种兽化石等，由于软体完全埋没于地层中，形成毫无石化的古生物遗体，但仍然被称为化石。

有时生物虽然没有留下化石，但是生物活动时留下的脚印、蛋或空模等也是化石，称为生痕化石。还有一些微体化石，像有孔虫、蓝绿藻等，必须要用显微镜才能观察得到。

2. 化石是怎么形成的

古代动物死后，尸体的内脏、肌肉等柔软的组织很快便会腐烂，牙齿和骨骼因为有机质较少，无机质较多，能保存较长的时间。如果尸体恰好被泥沙掩埋，与空气隔绝，腐烂的过程便会放慢。泥沙空隙中有缓慢流动的地下水，水流一方面溶解岩石和泥沙内的矿物质，另一方面将水中过剩的矿物质沉淀下来或成为晶体，随着水流逐渐渗进埋在泥沙中的骨内，填补牙齿和骨骼有机质腐烂后留下的空间。如果条件合适，由外界渗进骨内的矿物质在牙齿和骨骼腐烂解体之前能有效地替代骨骼原有的有机质，牙齿和骨骼便完好地保存成为化石。由于化石中的大量矿物质是极为细致地慢慢替代其中的有机质，所以能完整地保存牙齿和骨骼原来的形态，连电子显微镜才能看清的组织形态都能原样保存。日久天长，骨骼的重量不断增加，由原来的牙齿和骨头变成了还保存牙齿和骨头原有的外形和内部结构的石头，这个过程被称作"石化过程"。

除了牙齿和骨骼外，有的动物的粪便也能成为化石。例如，有的肉食动物吃肉时是连着碎骨一起吞下的，粪便里有许多没有被消化掉的碎骨，碎骨不容易腐烂，所以粪便也能成为化石。脚印也能成为化石。人或动物踩在泥沙上，留下脚印。泥沙干后，脚印又被另外的物质填满。两种物质都被后来渗进去的矿物质石化后保存下来，但是两种物质的性质不同，软硬不同，容易风化或破坏的程度也不同。一种物质被风化或破坏后，另一种物质便表现为脚印化石。

3. 化石能说明什么

人们通过对化石的研究发现，在越早形成的地层里，成为化石的生物越简单、越低等；在越晚形成的地层里，成为化石的生物越复杂、越高等。这不仅证明了现在地球上每一种生物都是经过漫长的地质年代进化来的，也证明了生物从简单到复杂、从低等到高等、从水生到陆生的进化次序。所以古生物化石的存在，直接证明了达尔文进化论的正确性。

此外，人们对化石的研究，还可以得到很多关于各个地质历史时期生物、环境的信息。比如，通过对众所周知的北京人头盖骨化石的研究，人们发现"北京人"的吻部比较突出，这就可以说明他们的手还不够灵活，很多食物还得靠用嘴直接摄食，也可以说明他们的大脑还不够发达。通过对古人类留下的动物骨骼化石的研究，不仅可以知道他们都吃了什么，还可以通过对这些动物的生活习性的分析，推测当时相应地区的气候条件等，从而使人们对古代地球的生物、环境有一个比较全面的认识。所以，可以说化石是帮我们了解地球过去的一部浩瀚的石头书。

三、硅化木

你知道吗？ 生命轮回，沧海桑田。曾经枝繁叶茂的大树，经过深埋、高温、矿化的过程，变成了坚硬的石头。树木通过地球炼狱般的洗礼又获得了新生，并成为世间的永恒。

在奇石博物馆，我们经常看到硅化木，有时还可以看到硅化玉。我们不禁对大自然的造化产生强烈的好奇：这些纹理细密、如真如幻的石头是怎么形成的？下面我们来了解一些这方面的知识。

硅化木也称木化石（图 8-4），是化石的一种。在数亿年前，由于地壳变迁、地震、火山爆发等自然灾害，树木因种种原因被迅速地埋入地下，没有腐烂，也没有被分解。在地层中，树干周围的化学物质如二氧化硅、硫化铁、碳酸钙等在地下水的作用下进入树木内部，逐渐替换了原来的木质成分，保留了树木的形

图 8-4　硅化木

态，经过漫长的石化作用形成了木化石。因为其所含的二氧化硅成分多，所以常常被称为硅化木。这种替换作用非常精确，以致不仅如实体现了树木外部形状而且还体现出内部构造，有时甚至可以确定细胞构造。这种替换的专业词叫"交代作用"，是指同时发生溶解作用和沉积作用从而使一种矿物取代另一种矿物的过程。所以硅化木的形成是硅取代木纤维的过程。

硅化木保留了古代树木的某些特征，为我们研究古植物及古生物史和地质、气候变化提供了线索。硅化木比较多见，主要是松柏、苏铁、银杏、真蕨、种子蕨等上古乔木的遗骸。很多国家都有硅化木国家公园。

那些硅化程度高，质地致密坚韧，颜色鲜艳且树皮、节瘤、蛀洞及年轮清晰的硅化木兼有化石之美、奇石之美、玉石之美，也具有古朴、自然的风韵，被看作凝聚天地山川精气之物。这些

光滑圆润、晶莹剔透的树化石就是硅化玉。如果硅化玉再有一些虫眼、小虫、树疙瘩、年轮、孔洞，它的价值就更高了。这些硅化玉，小者可雕琢成装饰件或把玩件，大者可作陈设品或观赏品。由此，硅化木及其制品不仅能够进入文人雅士的文房、厅堂，也被引进了皇室、贵族的御花园及私家花园，受到人们的喜爱。

四、琥　珀

你知道吗？ 琥珀是一种源于生命体的天然有机宝石。每一块琥珀都像人的指纹一样独一无二。

琥珀是所有已知宝石中质地最轻、色泽最自然的。此外，琥珀还是世界上唯一能将生物保存其中，历经千万年依然完好如初的宝石。这些特点使琥珀成为深受人们喜爱的宝石，自古以来人们就喜欢用它作为饰物。下面我们欣赏一下唐代诗人韦应物描写琥珀的诗。

咏琥珀

唐　韦应物

曾为老茯神，本是寒松液。

蚊蚋落其中，千年犹可觌。

考古学家在爱沙尼亚发现公元前 3700 年由琥珀制成的坠饰、珠子、纽扣等，在埃及发现了公元前 2600 年由琥珀制成的宝物。

琥珀是松柏科植物的树脂所形成的化石，最少需要 200 万年，一般需要 1 000 万年以上。目前，常见的琥珀多是新生代第三纪的柏科植物的树脂，经过漫长的地质作用形成的。世界上最古老的琥珀，形成于大约三亿年前。

　　琥珀一般是这样形成的：在遥远的古代，当松柏科树木被折断枝条的时候，树脂就从伤口分泌出来。它散发出的清香引来了昆虫，当昆虫与树脂接触时，它就被牢牢地粘住了。而树脂仍源源不断地流出来，昆虫越挣扎被包裹得越严实，最后昆虫与外界完全隔绝。接着这块树脂脱离了母体，被掩埋在森林土壤当中，经过亿万年的石化作用，树脂的成分、结构和特征都发生了巨大的变化，又经过地层的冲刷、搬运和沉淀，经过成岩作用形成了现在的琥珀。

　　由于琥珀来源于生物体，所以它是主要由 C、H、O 构成的有机物，也含有 Fe、Mn 等微量元素。琥珀有各种不同的外形，如肾状、结核状、瘤状、圆盘状。琥珀很软，也比较轻。琥珀保留了原来的树脂光泽，是透明或半透明的宝石。琥珀的颜色也多种多样，常见金黄、黄至褐色、浅红、橙红、黑色等，蓝、浅绿、淡紫色少见。琥珀加热至 150 ℃变软，开始分解，在 250 ℃时就会熔融，产生白色蒸气，并发出一种松香味。最丰富也最有意义的是琥珀内部的包裹体，有植物包体，如伞形松、种子、果实、树叶；也有动物包体，如甲虫、苍蝇、蚊子、蚂蚁、马蜂等；有气液两相包体，如圆形、椭圆形的气泡和液体；有旋涡纹，多分布在昆虫包体的周围，这是昆虫挣扎时留下的痕迹；还有许多的杂质，如泥土、沙砾和碎屑。这些丰富的包裹体不仅构成了美丽的图案，也为科学地研究当时的生态环境提供了最直接的证据。

　　目前，科学家们已成功地从琥珀所含的化石中提取出一些生物的遗传密码 DNA，这对研究生物进化有重要的作用。美国科幻影片《侏罗纪公园》讲述了科学家在琥珀中包裹着的一只吸了恐龙血的蚊子体内提取了 DNA，用遗传工程复制出了恐龙，并建成了一个有很多恐龙的"侏罗纪公园"。没想到的是，公园发生意外事故后又遭人为破坏，造成灾难性的局面。在影片里，恐龙不过是用电脑制作的虚幻之物。也许过不了多久，人类能够复制出真正的恐龙。